浙商院文库

HUANBAO
QIYE
SHANGYE
MOSHI YANJIU

环保企业
商业模式研究

王勇 著

东北财经大学出版社
Dongbei University of Finance & Economics Press

大连

图书在版编目（CIP）数据

环保企业商业模式研究 / 王勇著．—大连：东北财经大学出版社，2018.5
（浙商院文库）
ISBN 978-7-5654-3142-5

Ⅰ．环…　Ⅱ．王…　Ⅲ．环保产业-商业模式-研究-中国　Ⅳ．X324.2

中国版本图书馆CIP数据核字（2018）第089230号

东北财经大学出版社出版发行

　　大连市黑石礁尖山街217号　邮政编码　116025
　　网　　　址：http：//www.dufep.cn
　　读者信箱：dufep＠dufe.edu.cn
大连美跃彩色印刷有限公司印刷

幅面尺寸：167mm×240mm　字数：207千字　印张：14.5　插页：1
2018年5月第1版　　　　　　　　　　　2018年5月第1次印刷
责任编辑：张旭凤　曲以欢　张爱华　韩敌非　　责任校对：曲爱非
封面设计：冀贵收　　　　　　　　　　　版式设计：钟福建
定价：38.00元

前言

恩格斯说："我们不要过分陶醉于我们对自然界的胜利。对于每一次这样的胜利，自然界都惩罚了我们。"这句名言已经得到验证，以后还将继续得到证明。不过，面对日益严重的生态环境问题，人类已经警醒，并已达成共识，人类只有一个地球，地球上的资源并不是取之不尽、用之不竭的。我们要更加珍惜资源，一起保卫地球。生态环境能否治理好，事关人民的福祉，事关解决"人民日益增长的美好生活需要和不平衡不充分的发展之间的矛盾"的大问题。

解决"人民日益增长的美好生活需要和不平衡不充分的发展之间的矛盾"应注重发挥市场在资源配置中的决定性作用。"加快新技术新产品新工艺研发应用，加强技术集成和商业模式创新"是实施国家创新驱动发展战略的关键。中国改革开放 40 年来，经济的飞速发展令世人瞩目，但是也付出了高昂的代价，环境问题已十分严峻并且有可能继续恶化。中国经济发展已经进入工业化中后期，传统高能耗、高污染的生产模式已经不能适应可持续发展的要求，节能减排是我国经济发展的必然选择，也是环保行业发展的原始驱动力。面对严峻的环境问题，党中央、国务院高度重视生态环境保护与建设工作，已经采取了一系列战略措施，加大环境治理的力度，生态保护与环境治理业（本书中还将出现节能环保产业或环保产业，本研究对此不加以严格区分）得到空前重视，但是，由于环保产业商业模式不清晰，缺少稳定的盈利预期，因此，无法激发供给，无法把潜在需求转化为有效需求。

Magretta（2002）研究认为，不管是新创企业还是既有企业，好的商业模式（Business Model）是企业成功的根本。[1] 商业模式是一个相互连接和相互依赖的活动系统，描述的是企业与顾客、合作伙伴和风险投资者"做生意的方式"（Amit & Zott，2012）。[2] 这个方式涉及企业如何建立一个可持续的竞争优势，涉及如何获取超越常规的利润。商业模式的特定功能（Functions）就在于其在特定经营情境中所具有的"蓄利"效应（李东等，2010）。[3] 过去的30年，战略是竞争优势的主要构建模块，然而将来企业追求可持续竞争优势很可能从商业模式开始（Casadesus-Masanell & Ricart，2011）。[4] 商业模式创新是指开创一个新商业模式的活动，这个开创活动往往作用于整个企业，并遵循各种产业经济和运营管理的普适性规律，试图发现市场机会，获得可持续性竞争优势，以实现企业可持续发展。可见，商业模式是企业成功的根本，是获得可持续竞争优势的源泉。

节能环保产业主要涉及大气治理、固废处理、污水处理、生态修复以及合同能源服务等子行业或方向。环保行业长期可持续发展要靠商业模式的完善，即最终要形成可盈利的良性产业。党的十八届三中全会以来，尤其是党的十九大提出"加快生态文明体制改革，建设美丽中国"的战略目标，加快探索环保行业商业模式的先决条件已逐渐成熟，所以，让商业模式成为节能环保产业快速发展助推器的条件已经形成。

节能环保产业又是一个法规和政策引导型产业。节能环保企业需紧跟政策方向，寻找细分产业链延展后产生的新机会。政策调控一方面保障节能环保任务的落实，另一方面把环保产业潜在的市场转化为现实的需求。研究政策调控下的商业模式演化机制与效能评估问题，才能更好地寻求好的商业模式助推环保产业健康可持续发展。

环保行业是一个新兴的产业，也是一个朝阳产业，但是，对其盈利模式的研究还相对薄弱。在政府宏观政策的扶持下，总给人一种错觉，以为其商业模式可有可无，其实，这是重大误区，因为随着市场在资源配置中的决定性作用不断发挥，商业模式的创新越来越迫切，所以，从理论上讲，研究环保企业商业模式具有重大的理论意义。从现实研究状况来看，这个方面系统的、专门的研究还不多见，可见，本研究具有填补"空白"的理论意义。具体来看，本研究的理论创新方面有：在商业模式效能评测方面，构建了概念模型，这对商业模式理论研究有增添效应；构建了环保企业商业模式新模型，该模型是基于利益相关者的视角，具有一定的理论价值。对环保企业而言，本研究构建的商业模式概念模型具有实践指导价值，构建的商业模式效能评估模型具有可操作性，可以直接指导企业进行商业模式创新与评测。针对浙江省环保产业存在的问题，本研究提出的对策具有一定的参考价值，同时对其他省份也具有借鉴意义。对9家环保上市公司的商业模式的解析，不仅对9家企业有实践指导性，对其他企业也有借鉴价值。课题组回收了511份有效问卷，并对其进行深入的解析，不仅揭示了商业模式创新与其绩效的关系，更重要的是对企业进行商业模式创新具有借鉴价值。

本书的总研究思路是：在对环境及其治理基础知识进行梳理的基础上，研究浙江省环保产业的现状、问题与对策。对商业模式有关文献进行述评，并从不同视角进行拓展性研究后，构建新的概念模型，为环保产业商业模式研究做铺垫。在对环保产业商业模式研究文献进行比较分析后，对9个环保上市企业进行实证研究，并进行大量调研，对问卷进行深入解析。具体的研究思路如下：

第一部分对环境及其治理进行阐述，对环保产业进行分析，结合浙江环保产业的现状，剖析其存在的问题，基于此，提出发展对策。

第二部分是关于商业模式的理论探索。运用文献研究法，扎根理论研究法、分类比较法等研究方法，从价值视角、艺术视角、品牌视角、人文视角等方面，较深入地研究商业模式的理论问题，为后续研究打下基础。

第三部分主要结合以上两部分内容，首先，对环保产业的商业模式的研究状况进行梳理；其次，从利益相关者的新视角，构建环保产业商业模式新模型；最后，对合同能源管理商业模式进行分析。

第四部分是实证研究，主要以商业模式画布为分析工具，对环保上市企业进行案例研究，最后对回收的 511 份有效问卷，运用 SPSS 统计分析软件，对商业模式及其绩效进行聚类分析。

第五部分为结论与建议，主要对理论进行综合阐述，对理论的指导意义进行解析，对 9 家上市环保企业的商业模式的演化及其效能分析进行进一步提炼，对问卷调研的分析结果再次进行归纳总结。

本研究的创新之处在于：（1）选题立意新。因为学术及企业界对商业模式研究比较热衷，研究的文章及专著也比较多。以专著为例，有《商业模式创新设计大全：90% 的成功企业都在用的 55 种商业模式》《商业模式新生代（经典重译版）》《商业模式的力量：思维篇（DVD/软件）》《最佳商业模式（6DVD）软件》《商业模式制胜：案例解析超速赢利的商业模式》《基于平台的商业模式创新与服务设计》等。关于环保产业研究的专著也比较多，如《环保产业 PPP：理论与项目操作实务》《我国环保产业投入绩效与发展研究报告》《中国环保产业投融资机制研究》《环保产业绩效评价及产业发展政策设计》等。但是，关于环保企业的商业模式的系统性研究却很少见，这也说明本研究选题视角独特。（2）研究方法创新。本研究综合采用了定性与定量研究方法。采取的定性研究中，在归纳统计分类的基础上，扎根理论研究思想，得出研究结论。在聚类分析的定量研究中，除了有调查与统计分析，还有比较分析与综合分析等方法，力求严谨科学，一丝不苟。在实证方面，发放问卷 600 份，回收有效问卷 511 份，进行统计分析，得出了有参考价值的结论。（3）理论有原创性。本研究在理论研究方面也有原创性突破，例如，商业模式评测模型构建、环保企业商业模式新模型构建、基于人文视角商业模式设计新模型构建、基于品牌视角商业模式运行机制新模式构建等。

本书受到浙江商业职业技术学院学术专著出版资金资助。本书的出版得到了老师、同学、朋友及家人的大力相助，在此感谢东北财经大学出版社的大力支持，更感谢浙江商业职业技术学院领导和同事的无私帮助。不过，作者毕竟水平有限，疏漏与不足之处在所难免，恳请读者批评指正，欢迎给出指导意见。

王　勇

2017 年 4 月

摘要

生态环境能否治理好，事关人民的福祉，事关解决"人民日益增长的美好生活需要和不平衡不充分的发展之间的矛盾"的大问题。中国经济发展已经进入了工业化中后期，传统高能耗、高污染的生产模式已经不能适应可持续发展的要求，节能减排是我国经济发展的必然选择，也是环保行业发展的原始驱动力。但是，由于环保产业商业模式不清晰，缺少稳定的盈利预期，因此，环保行业长期可持续发展需要商业模式的完善，即最终要形成可盈利的良性产业。节能环保产业是一个法规和政策引导型产业，因此，需要研究政策调控下的商业模式演化机制与效能评估问题，以便更好地寻求好的商业模式助推环保产业健康可持续发展。基于以上分析，本书研究的思路是：在对环境及其治理基础知识进行梳理的基础上，分析浙江省环保产业的现状与问题，并提出相应的对策。

在对商业模式有关文献进行述评的基础上，本书从不同视角进行了拓展性研究，在许多理论研究方面进行了原创，如商业模式评测模型构建、环保企业商业模式新模型构建、基于人文视角商业模式设计新模型构建、基于品牌视角商业模式运行机制新模式构建等。同时，在理论方面做了尝试性突破并构建新的概念模型，为环保产业商业模式研究做了铺垫。在对环保产业商业模式文献进行研究后，作者对 9 家环保上市企业进行了实证研究，并进行了大量调研，对回收的 511 份有效的问卷，运用 SPSS 统计分析软件，对商业模式及其绩效进行了聚类分析，得出了有参考价值的结论。

关键词：商业模式；环保产业；政策调控

Abstract

Whether the ecological environment can be solved is the great thing that affects the well-being of the people. It is also a big problem to address the "contradictions between the growing needs of the people and the uneven development of the unbalance". China's economic development has entered the middle and late stage of industrialization. The traditional production model of high energy consumption and high pollution has not been able to meet the requirements of sustainable development. Energy conservation and emission reduction is an inevitable choice for China's economic development and the original driving force for the development of environmental protection industry. However, due to the unclear business model of environmental protection industry and the lack of stable profit expectations, therefore, long-term sustainable development of the environmental protection industry requires the improvement of the business model, which is to eventually form a profitable benign industry. Energy conservation and environmental protection industry is a type, regulations and policies to guide industry, therefore, it need to study under the policy of the business model evolution mechanism and performance evaluation problems, in order to promote healthy and sustainable development of environmental protection industry. Based on the above analysis, this paper analyzes the present situation and problems of the environmental protection industry in Zhejiang province, and then puts forward some countermeasures on the basis of the environment and the basic knowledge of its governance. Firstly, the literature of business model was analyzed, and then the research was expanded from different perspectives. The author tries from several perspectives, such as business model evaluation. environmental enterprise business model, humanistic perspective, brand perspective、The author tries to break through the theory and build a new conceptual model. These studies have laid a foundation for the analysis of business model of environmental protection industry. On the basis of literature research on the environmental protection industry business model, the empirical study on nine environmental listed enterprises is carried out. Using SPSS statistical analysis software, the questionnaire on business model and its performance was analyzed. Finally, a reference value is obtained.

Key words: business model; environmental protection industry; macroeconomic policy control

目录

图目录

表目录

1 环境与环境治理

1.1 环境与全球环境

1.1.1 环境

《现代汉语词典》中对"环境"的解释是："周围的地方；周围的情况和条件。"[5]

显然，以大气、土壤、水、微生物、植物、动物等为内容的，我们称之为有形的物质因素，其构成的是有形环境。当然，环境中还包括观念、行为规范、制度等，我们称之为无形的非物质因素，其构成的是软环境；与之对照，有形环境被称为硬环境。可见，环境既包括自然因素，也包括社会因素；有硬环境，也有软环境。

环境也是一个具有相对意义的概念，针对的主体不同，环境的范围、内容等也不相同。例如，一个正在学习的学生，其所处的环境是指周边的人及物，而对于在这个学生边上玩玩具的一个孩子来说，其环境包括那个正在学习的学生。我们日常生活中所讲的环境，往往只针对人类这个主体而言，环境问题中的"环境"一词是指影响我们生产与生活的周围情况与条件，具有比较窄的内涵，是相对于人类这个主体而言的一切自然环境要素的总和。

环境是主体与客体的辩证统一，两者是相对的，是相辅相成的。在一定的条件下，环境的主体与客体又是可以互相转换的。对于某一具体事物（主体），围绕着该主体，并对该主体产生影响的所有外界事物，包括直接的和间接的，都被称为客体。

从理论研究的角度来看，不同学科研究的视角及侧重点是不同的，"焦点"也就不同。当各种条件发生变化时，"焦点"也会随之而发生变化。围绕"焦点"的外部空间、状况和条件，构成"焦点"这一中心事物的环境。

对建筑学来说，环境是指室内条件和建筑物周围的状况及条件。对生物学来说，环境是指生物生活范围内气候、水、土壤等自然资源及群体等因素构成的生态系统。对化学或生物化学来说，环境是指发生化学反应的溶液等。对文学、历史等社会科学来说，"焦点"是指具体的人，而人的周围情况和条件，就是环境。对企业管理学科来说，环境是指影响管理职能发挥的外部条件，包括微观环境、中观环境和宏观环境。

1.1.2　环境分类

环境可以分为自然环境和人文环境，这是依照环境的属性来划分的。自然环境是指未经过人的加工改造而天然存在的环境，就是客观存在的各种自然因素的总和。按要素划分，人类生活的自然环境可分为大气环境、水环境、地质环境、土壤环境和生物环境等，也可以理解为地球的生物圈、大气圈、水圈、岩石圈及土圈等五大圈。与人类生活关系最密切的是生物圈。自从有了人类，人类在采集食物和狩猎阶段，依靠生物圈获取食物，这一点，人类和其他动物没有什么大的区别，都是整个生态系统中的一员，其活动基本上是一样的。不过，人类具有创造性，会使用工具，这是人类区别于动物的根本点，因此，人类在生态系统中占有优越的地位，会"经济"地使用资源，有长远打算，可以平衡资源的有限性与欲望的无限性之间的矛盾，至少人类在这个方面是有意识的，而动物是无意识的。人类可以用有限的生存资源维持种群的延续；而动物的延续更多地依赖自然资源的供给，如果遇到"意想不到"的状况，可能一个区域内的整个种群都会灭亡，甚至是整个物种的灭绝，例如我们熟知的一种关于恐龙灭绝的假说。

人类社会发展的每个阶段都影响着生物圈，甚至是时时、事事都影响着生物圈。不论是从畜牧业到农业，从农业到工业，还是从工业到后工业，甚至于今后，无不将留下人类活动的印记，人类已经并将继续改造生物圈，当然也改造着自己，这是不以人的意愿为转移的。生物圈深深影响着人类自身的改造，已经渗透到人类生活的方方面面。从某种意义上讲，自然生态已经是人工的生态系统。随着科学技术的不断发展，先进的生产工具日新月异，人类活动的范围越来越大，人工生态系统的边界将不断被突破。特别是信息技术及互联网技术的飞速发展，使得地球相对变小了，地球已经成为"地球村"了。

自从人类开始使用化石燃料，人类就侵入了岩石圈，尤其是自工业革命以来，自然界元素的平衡被破坏了。20世纪后半叶以来，由于工农业的大发展，大量的水资源被使用，加之过量使用化石燃料，产生了大量的废水、废气、废渣，其被毫无顾忌地排到水体与大气中，造成水圈和大气圈的不断恶化，严重影响了人们的生活和健康。针对这一现象，我们不得不去思考：在生产能力与生活品质之间到底谁更重要，需要权衡，甚至需要取舍。这个问题进而引起全世界的关注，使得环境保护愈发吸引人们的眼球，环境保护的视野也更加开阔。如今，随着航空航天技术的飞速发展，人类征服自然、改造自然的能力不断提升，连私人都有了发射火箭的能力，人类活动的触角已伸展到外层空间。于是，连太空也难逃厄运，也被"污染"了。目前，几千件废物在外层空间围绕地球在运转，这已经严重影响了航天事业的发展。

人文环境是人类创造的物质的和非物质的成果总和。人文环境相对于自然环境而言，更具有主观能动性，更多地积淀着人类有意识的活动，是人类有意识地改造自然和创造自然的印证，也是人类有别于动物的本质属性的反映。物质的成果则是绿地园林、文物古迹、建筑楼宇等。这有形的物质层面，往往蕴含着非物质的遗产。非物质的成果更多体现为人类几千年的文化积淀，主要包括文化艺术、语言文字、各种制度以及社会风俗等。这些成果都是人类创造的，具有文化烙印，渗透着人文精神。人文环境反映了一个民族的历史积淀，是一个民族改造自然与征服自然的记录与精粹，不是普通的简单保留，而是传承与创新，是人类社会生生不息发展的见证与原动力。对当今世人来说，其具有重要的教育价值，对人的素质的提高起着促进作用。对自然环境和人文环境的区分也是相对的，两者的发展是相辅相成、相互作用、相互渗透的，两者良性互动、友好和谐是人类繁衍、生存和发展的基础。所以，人类要可持续地健康发展，应秉承科学发展理念，协调好经济发展、社会进步与生态保护之间的关系，注重保护和改善环境，这是人类维护自身生存与发展的需要。

地球环境中需要人类珍惜的资源主要有以下四类：（1）两类生态系统：陆地生态系统与水生生态系统；（3）空气、水和土壤三大生命要素；（2）矿产、森林、淡水、土地、生物物种、化石燃料六种自然资源；（4）山势、水流、本土动植物种类、自然与文化历史遗迹等多样景观资源。

人类活动的过程就是对环境进行改造的过程，在此改造过程中，其对整个环境的影响是复杂的；同样，环境对人类的反作用也是复杂的、多方面的。人类与其他生物不同，为了提高生活质量，人类不断改善生存的环境，且这种改善的技术与能力具有累加性与自增长性，这也是人类区别于动物的重要方面。所以，在有历史记载的几千年里，人是主导者。不说"猴子"在这几千年里没有什么长进，就算往前推几万年、几十万年，猴子呼吸的空气比现在的清新些，也未见有什么大的飞跃。但是，人类为了更好地生存与生活，积极主动地使自己适应环境，为了生存与发展，积极主动地把自然环境改造成新的生存环境，以使其更适合人类生存，使人们的生活更舒心、更幸福。但同时，这也有可能带来副作用，那就是破坏自然生态，而这一点又是人类始料未及的。人类完成了一首不太可逆的变奏曲，在此反复曲折的过程中，人类为满足需求所付出的代价是无法估计的。正如恩格斯所言："人类每一次对自然界的胜利都必然受到大自然的报复。"

1.1.3 全球环境问题

"环境"是相对于主体而言的。例如，相对于人类而言，环境就是影响我们生活的外部条件。保护环境是为了更好地生活。为了获得更好的生活质量，更幸福地生活，我们不得不重视与珍惜外部的环境资源，因为相对于我们的欲望而言，资源总是稀缺的。其实，环境本身也是有"生命"的。有的地区不注重环境保护，成片的树木遭到破坏，破坏了水系循环与自然平衡，造成严重的沙漠化，进而导致沙尘暴这样的恶劣天气增多。这给人们敲响了警钟，也提醒人们要注意保护和善待周边的环境。

目前全球环境问题引起了全世界的关注，有几个问题是世界性的问题，可以说是全球环境问题，尤其是三大生命要素（空气、水、土壤）污染严重的问题。

（1）空气污染

空气与我们的生活息息相关，须臾不可分开。但是，我们的生活品质却随着空气质量的下降而每况愈下。目前日益严重的雾霾天气，直接威胁着人类的健康。空气污染已经是个大问题了。它不仅是环境问题，而且是社会问题、政治问题。全球气候变暖是由于人们燃烧过多的化石矿物，产生二氧化碳等多种温室气体。这些温室气体不能阻隔太阳辐射的可见光，对这些可见光具有高度的透过性，却能很好地吸收地球反射的长波辐射，这就形成了温室效应，这是气候变暖的重要原因。根据对100多年气象资料的统计分析，我们发现全球平均气温经历了两次波动，即呈现冷→暖→冷→暖的规律，气温变化在总体上是上升的。全球气候变暖会导致人类不希望看到的后果，冰川和冻土消融，海平面上升，既破坏自然生态平衡，又危害人类的居住环境，危害人类的食品安全，甚至是生命安全。

有证据显示，温室现象与臭氧层被破坏有关。自然界中的臭氧层位于距地面 20 千米～50 千米的大气中。臭氧主要是紫外线制造出来的。紫外线分为长波和短波两种，当氧气分子受到紫外线中的短波照射时，会分解成氧原子，而氧原子具有不稳定性，比较容易和其他物质发生化学反应，如氧原子与碳（C）反应生成二氧化碳（CO_2），氧原子与氧分子（O_2）反应生成臭氧（O_3）。由于臭氧的比重大于氧气，其会逐渐降至臭氧层的底层。随着温度的上升，在下降的过程中臭氧的不稳定性会越加明显，当受到紫外线中的长波照射时，会再度还原为氧分子。可见，臭氧层保持着氧气与臭氧相互转换的动态平衡。臭氧层另一个很重要的作用就是可以吸收对人类有害的太阳紫外线，且比例高达99%以上，正因为其吸收了大部分的太阳紫外线，地球上的生物才能免遭紫外线的伤害。所以，臭氧层被誉为地球上生物的保护伞。臭氧层被破坏后，其吸收紫外线辐射的能力将大大降低，给生物健康带来多方面的危害，也会严重破坏生态环境，保护臭氧层就是保护地球上的生命，就是保护人类自己。

（2）水污染

由于某种物质进入水体，导致水体的物理、化学、生物等方面的特征改变，进而影响水的有效利用，造成水质恶化，危害人体健康，破坏生态环境的现象称为水污染。

水污染主要有2种类型：一类是人为污染；另一类是自然污染。目前，人为污染对水体危害较大。人类生产、生活会产生大量的废水、废弃物，这些废水、废弃物被排到水中，使水受到污染。据统计，全球每年排入江河湖海的污水有4 200多亿立方米，5.5万亿立方米的淡水被污染。淡水被污染会导致全球可用淡水量大大减少。全球约有10亿人无法获得清洁用水以保障正常的生活。在发展中国家有数百万人口无安全饮用水，全球无安全饮用水的人数不胜数。在非洲，50%以上的人口只能饮用低劣水质的水。长期以来，清洁剂的使用有增无减，水中磷酸盐含量日益增多。湖泊中藻类迅猛繁殖，水中的氧被过多消耗，导致鱼类死亡，水中的生态系统被破坏。工业废水中汞和其他重金属含量超标，也造成严重的水污染，严重影响人类健康。地表污水的排放还会引起地下水的污染。在农业中过多地使用氮肥，会导致地下水硝酸盐含量超标。

地下水资源的不合理开采还会导致地面沉降，这是一种不可弥补的永久性环境损失。地面沉降是指在一定的地表面积内所发生的地面水平面降低的现象。不合理地开采地下水资源以及石油、天然气的开采是引发地面沉降的主要原因。地下水资源的过量开采会引发海水入侵，导致人畜用水发生困难，工农业发展受到影响。城市化粪池、污水管的泄漏，垃圾堆的雨水淋溶以及河道渗漏都可能会污染地下水，农业面源污染、施用过多氮肥也会污染地下水。

（3）土壤污染

土壤的厚度一般在 2 米左右，是陆地表面具有肥力、能够生长植物的疏松表层。土壤为植物生长提供水、肥、气、热等肥力要素，也为植物生长提供支撑。随着人口的急剧增长和经济的迅猛发展，工业固体废物不断在土壤表面堆积，有害废水、废液不断向土壤渗透，大气中有害物质渗透到土壤中后，导致土壤污染。这些有害物质在土壤中逐渐积累，通过"土壤→水→人体"或通过"土壤→植物→人体"间接危害人体健康。

治理土壤污染，首先，要采取防治措施，可以种植有较强吸收力的植物，如羊齿类铁角蕨属的植物能吸收土壤中的重金属，降低有毒物质的含量，也可以通过生物降解净化土壤。其次，要减少农药的使用。治理土壤污染还可以通过增施有机肥、换土、深翻等改变耕作制度的手段。

人为产生的污染物进入土壤也会引起土壤质量恶化，造成农作物中某些指标超过国家标准，造成土壤污染。废气中含有的污染物质，在重力作用下进入土壤，废水中有大量污染物随着废水进入土壤，固体废物中的污染物及其废液直接或间接进入土壤，农药、化肥的大量使用，也是土壤污染的原因之一。我国辽宁沈阳张士灌区长期引用工业废水灌溉，导致稻米中重金属镉含量超标，不能食用。被污染的土壤也不能再作为耕地，只好改变土壤的用途。土壤处于无机界和生物界的中心，如果土壤性质恶化，则会影响能量和物质的循环，一旦发生污染，污染物质就会相互传递，有害物质通过食物链传递而影响人体健康。

（4）海洋污染

有害物质进入海洋，会影响海水质量，会危害人类健康，会损害生物资源，破坏环境质量等，这样海洋生态系统就会遭到破坏，形成海洋污染。海洋储水量巨大，面积辽阔，是地球上最稳定的生态系统。工业文明之前，陆地流入海洋的物质被海洋接纳，没有引起海洋的异常变化。不过，随着工业的不断发展，局部海域环境发生了很大的改变，海洋的污染也日趋加重，并有继续扩展的趋势。

对海洋环境造成危害的主要污染物有：①石油及其产品；②重金属和酸碱；③农药；④有机物质和营养盐类；⑤放射性核素；⑥固体废物；⑦废热。

海洋污染的特点是扩散范围广、持续性强、污染源多、难以控制。海洋污染影响光合作用，对鱼类也有危害。有毒物质通过海洋生物的富集作用，对海洋生物造成毒害。石油污染阻止空气中的氧气向海水中溶解，造成海水缺氧，危害海洋生物，祸及人类。海洋污染还会破坏旅游资源。因此，海洋污染已经引起越来越多国家的重视。

（5）生物锐减

地球上遍布着各种各样的生物，具有多样性。生物多样性包括基因、物种和生态环境的多样性，是衡量自然生态是否和谐的一个重要指标，也是自然界长达数十亿年生物优胜劣汰不断演化的结果。有物种的灭亡，也有新物种的出现。灭绝的有两大类：一类是多代遗传变异而形成了新的后代；另一类是真正的灭绝，是物种的完全消失。之前5亿年间，5次大范围的生物灭绝均是由自然因素造成的。而今，地球生物物种的第6次大规模灭绝已经来临，这恰恰是人类不注重人与自然和谐发展造成的不被期望看到的结果。目前，物种灭绝的速度比之前都快，据统计，鸟类和哺乳动物的灭绝速度是之前的100多倍甚至1 000倍。联合国环境计划署预测，到2050年，约有半数动植物将从地球上消失。造成这种结果的主要原因是：①土壤、水和大气受到污染；②城市地域和工业区的大量发展；③过度捕猎和利用野生物种资源；④无控制地旅游；⑤外来物种的引入或侵入毁掉了原有的生态系统；⑥大面积地对森林、草地、湿地等生境的破坏；⑦全球气候变化。这些活动累加在一起，加速了物种的灭绝。

1.2 环境保护与治理

1.2.1 关于环境保护

"环境保护"这个概念被广泛使用，是在 1972 年联合国人类环境会议之后。中国在 20 世纪 60 年代末提出要对"三废"进行治理，到 20 世纪 70 年代中国开始使用"环境保护"这一概念。

人类为保障经济社会的可持续发展，需要协调人与环境的关系，采取的方法既有技术层面的工程技术类方法，又有经济类、行政类、宣传教育类的方法等。中共十八届五中全会会议明确提出，要加大环境治理力度，实行严格的环境保护制度，实行省以下环保机构监测监察执法垂直管理制度。显然，这是强化利用法制手段来加强环境保护。环境保护涉及许多领域，旨在达到自然环境同人文环境和谐相处、有用资源能够再生，进而保证经济社会发展。因此，为了防止自然环境不断恶化，就不能过度开发自然资源、不能私自采矿或滥伐树木、不能过度开荒、不能过度放牧、不能破坏生态平衡，这个层面的问题需要依靠政府行使职能、进行宏观调控、采取必要的法律手段才能够解决。

环境适合人们的衣、食、住、行、玩等方方面面，这是人人关注的，关系到老百姓的切身利益。地球上每一个人都有责任保护地球，也有权利享有地球资源。作为公民，我们要保护自然环境。作为政府，既要从宏观角度考虑保护环境，又要教育群众，使环境保护成为公民的自觉行动。

环境问题不仅关系到人民群众的根本利益，也关乎国家安全、国际形象，环境问题也是中国目前面临的最严峻的问题之一，保护环境关乎国家利益。目前，中国环境问题严峻，主要表现为：污染严重，如大气污染、土壤污染、水污染等问题；资源再生性被破坏及其引发的严重问题，如土地荒漠化和沙灾问题、水土流失问题、旱灾和水灾问题、生物多样性被破坏问题等；环境治理及修复技术问题，如垃圾处理问题、污染治理问题等。

面对这些问题，人们更加迫切地需要清洁的大气、安全的食品和卫生的饮水，这也是政府的基本责任与义务。

第十二届全国人民代表大会第一次会议上的政府工作报告明确指出，要顺应人民群众对优质环境的期待，要大力加强环境保护与生态文明建设。所以，环境保护是国家长期坚持实施的一项民生工程。

1.2.2　环境治理

地球环境的恶化引起了人们的广泛关注，于是，如何治理环境引起了各国的重视。治理环境可以采取经济、行政、法律和科学技术等措施，使得环境更好地适合于人类的生存。环境治理既要改善环境质量，保护人类身心的健康，又要合法合理地利用自然资源，保护自然资源的不断恢复，以利于人类生命活动。根据《中华人民共和国环境保护法》（以下简称《环境保护法》）的规定，保护环境就是要保护自然环境与防治污染和其他公害。在具体的环保治理工作中，可以采取指标管理，可明确空气质量、土壤质量、饮用水质量、生态环境质量的标准。环境质量指标达标是政府环保工作成效的最终考核评价指标，污染物排放削减率、企业排放达标率、污水处理率等是实现环境质量达标的过程控制指标。

环境治理要处理好经济发展与环境保护之间的矛盾，要把握好二者的平衡。在发展与治理的关系卜有不同的观点，如"保护第一论""先污染后治理、先破坏后修复论""不可调和论"等。不过，治理环境已经刻不容缓，雾霾天气、恶劣天气已经严重影响了人们的生产与生活，需要不断完善科学的治理机制，要把工作落到实处。不过，在很多情况下，由政府对辖区环境质量负责变成由环保部门负责，环保部门统一牵头管理，最后各相关部门分工负责变得都不负责，由环保部门一家负责，这就导致了环保工作成效大打折扣。可见，现实中还要不断探索环境治理的方式与方法。

1.2.3　中国政府关于生态环境保护——党的十八大以来习近平 60 多次谈生态文明

"绿水青山就是金山银山""APEC 蓝""乡愁"等"习式生态词汇"

已经广为人知，生态保护理念已经深入人心。自 2012 年党的十八大首提"美丽中国"、将生态文明纳入"五位一体"总体布局以来，习近平在各类场合有关生态文明的讲话、论述、批示超过 60 次。

作为一个发展中大国，中国在追赶现代化的征程上，面临更多的生态窘境，长期被忽视的生态环境问题全面显现：大气——在全国 74 个按新的空气质量标准监测的城市中，达标比例仅为 4.1%；土壤——全国 1.5 亿亩耕地受污染，4 成多耕地退化，水土流失面积占国土面积的近三分之一；森林——森林生态系统退化严重，土地沙化、石漠化仍然威胁着人民的生命财产安全；水体——受严重污染的劣 V 类水体比例为 10% 左右。更为紧迫的是，我国长期处于全球价值链的中低端，承接的多是一些高污染、高耗能的产业。历史遗留的环境问题尚未解决，新的环境问题接踵而至。"我们在生态环境方面欠账太多了，如果不从现在起就把这项工作紧紧抓起来，将来付出的代价会更大。"2012 年 12 月 7 日至 11 日，习近平在广东考察时谆谆告诫。

"我国生态环境矛盾有一个历史积累过程，不是一天变坏的，但不能在我们手里变得越来越坏，共产党人应该有这样的胸怀和意志。"习近平的讲话掷地有声。

大力建设生态文明，彰显了习近平总书记对人类文明发展经验教训的历史总结，以及对人类发展意义的深邃思考。从实现中华民族伟大复兴和永续发展的全局出发，2012 年 11 月召开的党的十八大，首次把"美丽中国"作为生态文明建设的宏伟目标，把生态文明建设摆上了中国特色社会主义"五位一体"总体布局的战略位置。建设生态文明，是关系人民福祉、关乎民族未来的长远大计。2013 年 2 月，联合国环境规划署第 27 次理事会通过了推广中国生态文明理念的决定草案，标志着中国生态文明的理论与实践在国际社会得到认同与支持。"生态兴则文明兴，生态衰则文明衰。"2013 年 5 月 24 日，习近平在主持中共中央政治局第六次集体学习时指出："生态环境保护是功在当代、利在千秋的事业。"2013 年 11 月，习近平在党的十八届三中全会上做关于《中共中央关于全面深化改革若干重大问题的决定》的说明时指出："我们要认识到，山水林田湖是一个生命共同体，人的命脉在田，田的命脉在水，水的命脉在山，山的命脉在土，土的命脉在树。"他要求采取综合治理的方法，把生态文明建设融入经济建设、政治建设、文化建设、社会建设的各方面与全过程，作为一个复杂的系统工程来操作，加快建立生态文明制度，健全国土空间开发、资源节约利用、生态环境保护的体制机制，推动人与自然和谐发展的现代化建设新格局的形成。习近平多次指出，林业是事关经济社会可持续发展的根本性问题。森林是自然生态系统的顶层，拯救地球首先要从拯救森林开始。科学家预测，如果森林从地球上消失，陆地的生物、淡水、固氮将减少90%，生物放氧量将减少60%，人类将无法生存。联合国指出，全球森林已减少了50%，难以支撑人类文明大厦。2013年4月2日，习近平在参加首都义务植树活动时指出："森林是陆地生态系统的主体和重要资源，是人类生存发展的重要生态保障。"

"原油可以进口，世界石油资源用光后还有替代能源顶上，但水没有了，到哪儿去进口？"2014年3月14日，在中央财经领导小组第5次会议上，习近平提出的问题振聋发聩。他指出，治水的问题，过去我们系统研究得不够，"今天就是专门研究从全局角度寻求新的治理之道，不是头疼医头、脚疼医脚"。针对严峻形势，总书记一语中的：水稀缺，"一个重要原因是涵养水源的生态空间大面积减少，盛水的'盆'越来越小，降水存不下，留不住"。不仅是水资源短缺、水体污染严重，2014年2月26日，习近平在专题听取京津冀协同发展工作汇报时指出，华北地区缺水问题本来就很严重，如果再不重视保护好涵养水源的森林、湖泊、湿地等生态空间，再继续超采地下水，自然报复的力度会更大。"小康全面不全面，生态环境质量是关键。"2014年3月7日在参加贵州代表团审议时，习近平深刻地指出："我们追求人与自然的和谐、经济与社会的和谐，通俗地讲就是要'两座山'：既要金山银山，又要绿水青山，绿水青山就是金山银山。"2013年9月7日，习近平在哈萨克斯坦纳扎尔巴耶夫大学发表演讲后回答学生提问时说："我们绝不能以牺牲生态环境为代价换取经济的一时发展。"

2015年伊始，习近平总书记在云南考察工作时，专程来到大理市湾桥镇古生村，详细了解洱海湿地生态保护情况。他叮嘱，一定要把洱海保护好，让"苍山不墨千秋画，洱海无弦万古琴"的自然美景永驻人间。习总书记强调，要把生态环境保护放在更加突出的位置，像保护眼睛一样保护生态环境，像对待生命一样对待生态环境，在生态环境保护上一定要算大账、算长远账、算整体账、算综合账，不能因小失大、顾此失彼、寅吃卯粮、急功近利。生态环境保护是一个长期任务，要久久为功。尊重自然、顺应自然、保护自然，是习近平对东方文化中和谐平衡思想的深刻理解。

2016年12月初，中共中央总书记、国家主席、中央军委主席习近平对生态文明建设做出重要指示，强调生态文明建设是"五位一体"总体布局和"四个全面"战略布局的重要内容。习近平强调，要深化生态文明体制改革，尽快把生态文明制度的"四梁八柱"建立起来，把生态文明建设纳入制度化、法治化轨道。要结合推进供给侧结构性改革，加快推动绿色、循环、低碳发展，形成节约资源、保护环境的生产生活方式。要加大环境督查工作力度，严肃查处违纪违法行为，着力解决生态环境方面的突出问题，让人民群众不断感受到生态环境的改善。各级党委、政府及各有关方面要把生态文明建设作为一项重要任务，扎实工作、合力攻坚、坚持不懈、务求实效，切实把党中央关于生态文明建设的决策部署落到实处，为建设美丽中国、维护全球生态安全做出更大贡献。

围绕生态文明建设，党中央提出了一系列新要求，推出了一揽子硬措施：不简单地以GDP论英雄；坚定不移地加快实施主体功能区战略；坚持系统思维综合治理；建立责任追究制度；划定并严守生态红线，不能越雷池一步，否则就受到惩罚；实施重大生态修复工程，增强生态产品生产能力。

良好生态环境是最公平的公共产品，是最普惠的民生福祉。给子孙留下天蓝、地绿、水净的美好家园，是深厚的民生情怀和强烈的责任担当。[6]

1.2.4 从中国"十三五"节能环保产业发展规划看环境治理

1. 概述

"十二五"期间，我国节能环保产业发展态势不错，取得了显著成效。2015年从业人数达3000多万人，产值约4.5万亿元，产业规模快速扩大。节能环保装备技术水平大幅提升,产业集中度明显提高,年营业收入超过 10 亿元的节能环保龙头企业达 70 余家,一批节能环保产业基地已经形成。合同能源管理、环境污染第三方治理等服务模式得到广泛应用,一批生产制造型企业快速向生产服务型企业转变,节能环保产业服务业商业模式不断创新。

2. 存在的问题

我国节能环保产业发展还存在不少问题和困难,突出表现在:缺乏基础性、开拓性、颠覆性的技术创新,部分关键设备和核心零部件受制于人,所以,自主创新能力不强;环境基础设施建设等领域存在恶性竞争,节能环保服务业违约现象增多,纠纷处理尚未建立机制性安排;部分地区地方保护现象严重、市场竞争不充分,部分落后低效技术装备对中高端产品形成市场挤压,有"劣币驱赶良币"现象,市场秩序不规范;节能环保标准建设滞后,制度体系不完善;企业融资难、融资贵问题突出,税收优惠政策有待进一步落实;绿色消费缺乏有力引导。

3. 发展目标

我国节能环保产业主要发展目标为:"到 2020 年,节能环保产业快速发展、质量效益显著提升,高效节能环保产品市场占有率明显提高,一批关键核心技术取得突破,有利于节能环保产业发展的制度政策体系基本形成,节能环保产业成为国民经济的一大支柱产业。"

具体目标是:①产业规模持续扩大,吸纳就业能力增强。节能环保产业增加值占国内生产总值的比重为 3% 左右,吸纳就业能力显著增强。②技术水平进步明显,节能环保装备产品市场占有率显著提高。拥有一批自主知识产权的关键共性技术,一些难点技术得到突破,装备成套化与核心零部件国产化程度进一步提高,主要节能环保产品和设备销售量比 2015 年翻一番。③产业集中度提高,竞争能力增强。到 2020 年,培育一批具有国际竞争力的大型节能环保企业集团,在节能环保产业重点领域培育骨干企业 100 家以上。形成 20 个产业配套能力强、辐射带动作用大、服务保障水平高的节能环保产业集聚区。④市场环境更加优化,政策机制更加成熟。全国统一、竞争充分、规范有序的市场体系基本建立,价格、财税、金融等引导支持政策日趋健全,群众购买绿色产品和服务的意愿明显增强。

4.发展对策

节能环保产业的发展对策为：

（1）提升技术装备供给水平

①提升节能技术装备。

②环保技术装备主要包括大气污染防治、水污染防治、土壤污染防治、城镇生活垃圾和危险废物处理处置、声和振动控制、加强环境物联网与大数据建设等六大类，实现环境监测数据模型化、精细化、准确化。

③资源循环利用技术装备，主要包括尾矿资源化、工业废渣、再生资源、再制造、水资源节约利用。

（2）创新节能环保服务模式

①节能节水服务。做大做强节能服务产业，创新合同能源管理服务模式，健全效益分享型机制，推广能源费用托管、节能量保证、融资租赁等商业模式，满足用能单位的个性化需要。支持开展节能咨询、评估、监测、检验检测、审计、认证等服务。鼓励节能服务公司整合上下游资源，为用户提供诊断、设计、融资、建设、运营等合同能源管理"一站式"服务，推动服务内容由单一设备、单一项目改造向能量系统优化、区域能效提升拓展。到2020年，节能服务业总产值达到6 000亿元。鼓励采用合同节水模式，在电力、化工、钢铁、造纸、纺织、炼焦等高耗水行业开展节水改造，实施100个合同节水管理示范试点。

②环境污染第三方治理。推进环境基础设施建设运营市场化，采取政府和社会资本合作（PPP）、特许经营、委托运营等方式引导社会资本提供环境基础设施投资运营服务，完善工程总承包+系统托管运营（EPC+C）、项目管理承包（PMC）等运营机制。进一步明确第三方治理项目的绩效考核指标体系，减少项目在运营期的争议。对政府负有支付义务的项目，应纳入预算管理。开展小城镇、园区环境综合治理托管试点与环境服务试点，鼓励地方政府采取环境绩效合同服务模式引入服务商，推行环境治理整体式设计、模块化建设、一体化运营。创新排污企业第三方治理机制，鼓励电力、化工、钢铁、采矿、

纺织、造纸、畜禽养殖等行业企业将环境治理业务剥离并交由第三方治理。做好环境污染第三方治理试点评估，总结推广有效模式，研究解决制约问题。

③环境监测和咨询服务。引导社会环境监测机构参与污染源监测、环境损害评估监测、环境影响评价监测等环境监测活动，推进环境监测服务主体多元化和服务方式多样化。

④资源循环利用服务。利用"互联网+"技术，探索建立再生资源交易平台，支持回收行业建设线上线下融合的回收网络，推广"互联网+回收"新模式。

（3）培育壮大市场主体

以节能环保企业为重点，以产业园区为依托，以第三方机构为有益补充，推动市场主体形成良性互动、协同发展的共生关系，培育节能环保产业的生力军。

①促进各类型企业协调发展。

②加快产业集聚区提质增效。

③发挥第三方机构催化作用。

（4）激发节能环保市场需求

以实施节能环保和资源循环利用重大工程、推广绿色产品、培育绿色消费习惯等方式，有力刺激市场对节能环保产品和服务的需求，全面扩展产业发展空间。

（5）规范优化市场环境

发挥市场的决定性作用，加强规范引导，拓展市场空间，建立统一开放、竞争充分、规范有序的市场体系，营造有利于产业提质增效的市场环境。

①加强法规标准建设。严格落实《节约能源法》《环境保护法》《循环经济促进法》等节能环保法律，研究制定碳排放权交易管理条例，完善相关配套法规，坚决查处严重浪费能源资源、污染环境的违法行为，加大处罚力度。

②简政放权优化服务。

③统一规范市场秩序。

（6）完善落实保障措施

加强财税价格金融等政策的引导支持，依托国家重大对外战略拓展国际合作，培育高素质人才队伍，为产业发展提供有力保障。

①加大财税和价格政策支持。

②发展绿色金融。

③加强国际合作。

④夯实人才基础。[7]

1.3 浙江省环保产业现状、问题与对策思考

1.3.1 引言

人类每一次大的技术进步，不仅助推着生产力大幅度提高，还相应变革着生产关系，特别是蒸汽机、电、计算机的发明与使用，不仅极大地带动了经济增长方式的转变，同时也促进了生活观念的变革。目前，沉睡已久的节能环保产业，既有政府政策的推力，又有技术进步的张力，市场的春天已经来临。国家已经明确要加快培育和发展战略性新兴产业，这为节能环保产业营造了良好的政策环境。"节能环保业分为资源循环利用技术及产品、节能技术装备及产品、环境保护装备及产品和节能环保服务业"[8]，节能环保是个跨产业、跨领域的产业，内涵很丰富。

在全国 31 个省市 2016 年 GDP 总值数据中，浙江以 46 485 亿元的总量继续稳居第四。浙江省在生态环保与环境治理方面也不甘人后，低碳经济是未来经济发展的主导方向，那么，大力发展节能环保产业也就是低碳经济的题中之意。浙江经济的实践也表明，环保产业不仅能为经济转型提供倒逼机制，其自身发展也保持着强劲的态势，是名副其实的绿色新引擎。不过，面对环境治理的新情况、新要求、新任务，特别是十九大提出要"加快生态文明体制改革，建设美丽中国"，对生态环境建设提出了新的目标，浙江省依然处在内涵增长和绿色发展的转型期，这也是打造"两美浙江"、加快调整经济结构的不二选择。"十二五"期

间，浙江节能环保产业年均增速约为 10%。据测算，到 2020 年浙江节能环保产业的规模将突破万亿元。浙江"十三五"节能环保产业发展规划已经公布，能否实现"美丽浙江的绿色产业，美好生活的民生产业，转型升级的新兴产业"的定位，能否从要素驱动转向创新驱动，这是浙江面临的新问题、新挑战。

1.3.2 文献综述

1. 关于浙江省节能环保方面的研究

张国亭（2009）认为，浙江省节能减排的主要措施是：着力构建节能型产业体系，加快发展服务业；加强节能宏观管理，加大对节能降耗和污染减排工作的支持力度；出台推进节能减排工作的政策措施；加强环境监督管理，健全监察稽查制度。[9]

毕彦魁（2011）以绍兴纺织为例，分析认为，纺织业是能源资源依赖型产业，对环境政策很敏感，能源供求和环境保护之间有着紧密的关系。他提出了浙江纺织业节能降耗的建议：加强纺织企业的节电措施；采用先进的技术和设备实现印染行业的节能；大力发展循环经济进行节能；广泛动员纺织企业各方面的力量参与节能降耗工作。[10]

章青（2014）在《浙江省印染产业绿色转型驱动因素研究》硕士论文中指出，浙江省是纺织大省，出口额与利润均名列前茅。不过，印染业是高能耗、高水耗、高污染行业，为适应生态环境建设的需要，技术水平、环保投入与产业政策是谋求绿色转型的主要驱动力。为此，优化政策环境，制定行业规范，改变消费观念，加大技术投入，调整产品结构，淘汰落后产能是浙江省印染产业转型升级的可行路径。[11]

杨晓蔚（2017）在对百家环保企业进行调查的基础上，全面分析评估了浙江省环保产业的发展现状，有数据、有比较，比较全面，对整体发展概况进行了概括，从产业集聚、产业结构、科研支撑等方面，总结了浙江环保产业的发展经验，剖析了存在的问题，提出了浙江省环保产业的发展对策。[12]

以上文献在针对环保产业发展而提出的对策中，加强宏观管理，采取有力的政策支持，加快技术创新与产业结构调整，加大节能环保宣传教育力度是基本一致的，这也是浙江省节能环保产业发展的基本策略。

2.关于浙江省环境治理方面的研究

汪维微（2005）在《浙江省环境优化进程中的因子贡献分析》硕士论文中指出，浙江省在排污治理、经济结构调整及技术水平提高这三个方面采取了一定措施，取得了一定成效。随着生产力不断发展和经济结构不断优化，这将有利于生态环境的保护，也有助于技术进步。[13]

缩小城乡差距，城乡经济协同发展，这是国家的顶层设计，也是一项重要的战略决策，是实现共同富裕、解决"人民日益增长的美好生活需要和不平衡不充分的发展之间的矛盾"的理性选择。陈国锋、张祝平（2006）对丽水农村环境治理进行了调查研究，他们指出了"点源与面源共存、生活污染与工业排放叠加、各种新旧污染与二次污染相互复合"的严峻形势。文章以浙江省丽水市为例，列举农村环境污染的现状：农村垃圾污染种类繁多；农村水环境每况愈下，潜在威胁较大；农药化肥使用量大，农产品安全形势严峻。他们分析了制约因素，最后提出农村生态环境保护可持续发展对策：加强环保设施建设，提高环境污染治理水平；实施城乡环境综合整治定量考核制度；深入开展宣传教育，增强农村环境保护意识；建立健全体制机制，强化管理农村生态环境；大力推进生态农业与特色村建设和发展；充分发挥村民自治组织的作用；开展农村环保科研，切实推广污染防治技术；逐步建立农村生态环境监测制度。[14]

李建琴（2006）以长兴县为例，分析农村环境治理中的体制创新问题。他指出，随着经济增长与人民收入水平的不断上升，相对应的农村居民的生产与生活环境日益受到威胁。由于中国农村普遍存在着治理资金投入不足、治理主体缺失等一系列问题，农村环境治理是一项复杂程度高的社会系统工程。浙江省长兴县以乡镇卫生为突破口，构建了农村"创卫"工程，并通过管理机制创新，在投入体制、实施体制、监督机制等方面创新，取得了显著成效，对县域农村环境治理具有一定的借鉴意义。[15]

张宇、朱立志（2016）撰写的《农业农村生态环境治理——以浙江实践为例》是比较全面论述农村生态环境治理的文章，对浙江农村生态环境治理做了比较详细的阐述，具有一定的参考价值。文章首先分析农村生态环境治理的背景。他们指出，浙江土地面积为 10.55 万平方千米，农业历史悠久，被称为"丝绸之府""鱼米之乡"，是一个农、林、牧、渔各业全面发展的综合性农业区域。据统计，30 多年来浙江农民人均收入全国领先，在经济发展的同时，也没有忽视环保。政府非常重视农业、农村生态环境治理问题，狠抓农村环境保护和治理工作，实施"千村示范、万村整治"工程，10 多年来，农村生态环境发生了巨大变化，污水治理、垃圾资源化利用、畜禽粪便污染治理、化肥农药减量化等治理工作均取得了成效，现代生态农业新蓝图已经形成。文章还比较详细地介绍了浙江农业农村生态环境治理的具体做法与启示。[16]

虞伟（2017）对浙江五水共治实践情况进行总结，具有一定的代表性。文章指出："2013 年 11 月，浙江省委十三届四次全会做出了'五水共治'的重大战略部署，作为优环境、惠民生的重要举措，将治水作为推动浙江省经济转型升级的突破口。'五水共治'既是'治污水、防洪水、排涝水、保供水、抓节水'的统筹共治，更是浙江省上下、社会各界群策群力的社会共治。"浙江"五水共治"的实践，从管理体制与机制创新看，"体现了环境治理从'政府管理'向'多元治理'理念的转变，具体在顶层设计、社会参与、市场支撑与长效机制等方面，明确部门责任，防止各自为战，并将人大法律监督、政协民主监督、公众监督、媒体监督有机结合，奏响了政、企、民协同治水的'三重奏'，体现了环境管理理念从传统保姆式管理向合作多元治理模式的转变，呈现出'从管理到治理''管理与治理并存'的新状态"。[17]

2016 年 11 月底，环境保护部通报了 2016 年 1—10 月各地《环境保护法》配套办法执行情况，浙江位列前三。浙江的经验是：强化组织领导，开展百日环保执法专项行动；深化部门联动，推进环境执法与刑事司法衔接；实施智慧监管，精准打击环境违法行为；坚持舆论导向，切实解决突出的环境问题；加强信息公开，提高环境执法透明度。[18]

李德超（2017）认为，浙江省全面部署、全面推进最严环境执法，为建设美丽浙江护航，具体做法是：领导重视，推进最严环境执法；严格执法，强化公检法纪联动；舆论监督，让违法者无处遁形；依法管理，严厉打击数据造假；建立机制，强化责任担当；砥砺前行，最严执法一直在路上。[19]

安钢（2017）在《山外青山——浙江垃圾分类调研笔记》一文中，对浙江垃圾分类这一环境治理问题进行了分析。他指出，群众采取了简单的分类方法，不会感到麻烦，实行家庭实名制，易于形成责任到人的闭合循环系统。广泛动员群众，组织志愿者队伍，形成群众自治的良性机制，取得了很好的效果。在管理体制中，渗入市场因素，形成政—企—社互动运作模式。这些总结对于搞好社区环境自治乃至社会治理都有一定的借鉴作用。[20]

吴珺（2017）指出，节能环保产业的技术效率和全要素生产率在七大战略性新兴产业（节能环保、新兴信息产业、生物产业、新能源、新能源汽车、高端装备制造业和新材料）中是最低的。对环境污染的治理在一定程度上抑制了技术效率，为此，要更加注重节能降耗，在发展战略性新兴产业时，政府相关部门应该出台政策，要注重提高节能环保产业的生产技术效率，实现经济发展和环境保护的共赢。[21]

企业生产经营形势向好，经营成本和经济效益"一减一增"。环保企业投资意愿较高，创新意愿增强。环保企业金融机构贷款有所增加。制造和服务双轮驱动，新兴行业加快增长。新能源制造业大幅增长。[22]

通过以上关于环境治理的文献，可以得出浙江省在处理经济发展与环境治理的关系方面走在了全国前列，其宝贵的经验是：政府做好顶层设计，积极创新管理机制与体制，从保姆式管理到多元化管理，从政府管理到社会治理。调动更多主体参与管理，树立主人翁意识，加大监督稽查力度，让环境治理的外在制度约束转化为环境治理的内在自觉，以实现经济发展与环境友好的双赢，实现参与主体的多元共赢。

1.3.3　浙江省环保产业现状

1. 浙江自然资源简述

浙江降水充沛，是中国降水较丰富的地区之一。据统计，"2016年降水总量 2 025 亿立方米，人均水资源量为 2 365 立方米，全省水资源总量为 1 322 亿立方米，比多年平均 955 亿立方米多 38%"。[23]浙江地表水主要由钱塘江水系、甬江水系、瓯江水系、鳌江水系、椒江水系、飞云水系、曹娥江水系和苕溪水系等八大水系构成，由运河、湖泊及水库、河网、省界河流、入海矸闸、海岛河流以及城市饮用水水源地等组成。据统计，"2016 年城市污水排放量比上年增长 1.3%，城市污水处理量增长 3.1%，城市污水处理率比上年提高 1.91 个百分点。城市用水普及率 99.97%，城市燃气普及率 99.79%，城市生活垃圾无害化处理率 99.97%，人均公园绿地面积 13.3 平方米"。[23]总体看，浙江"五水共治"成效显著。浙江省海岸线总长居中国首位，为 6 486.24 千米，也是中国岛屿最多的省份。浙江近海岸受陆源性污染影响，污染程度较高。据统计，"2016 年 221 个省控断面中，Ⅰ~Ⅲ类水质断面比上年提高 4.5 个百分点；劣 V 类水质断面下降 4.1 个百分点；满足水环境功能区目标水质提高 5.9 个百分点。按达标水量计，11 个设区城市的主要集中式饮用水水源地水质达标率提高 3.4 个百分点；县级以上城市集中式饮用水水源地水质达标率提高 6.0 个百分点。近岸海域发现赤潮 27 次，其中有害赤潮 2 次，面积 95 平方千米。"[23]

全年完成造林更新面积 2.53 万公顷，森林抚育面积 13.14 万公顷，义务植树 6 151 万株。2015 年浙江省森林资源年度监测结果显示，水土流失治理面积 503 平方公里。全省森林覆盖率为 60.96%（含灌木林）。年末有气象雷达观测站点 10 个，卫星云图接收站点 25 个，11 个设区城市环境空气 PM2.5 年均浓度比上年下降 12.8%；雾霾平均日数 34 天，比上年减少 19 天。日空气质量（AQI）优良天数比例比上年提高 4.9 个百分点。"全年累计建成国家级生态县（市、区）34 个，国家环境保护模范城市 7 个，国家级生态乡镇 691 个，省级生态县（市、区）67 个，省级环保模范城市 10 个。全年规模以上工业企业单位工业增加值能耗下降 3.7%。其中，千吨以上和重点监测用能企业单位工业增加值能耗分别下降 4.2% 和 4.1%"。[23]

2. 浙江环保产业发展现状

（1）浙江环保产业概述

"近年来，浙江不断提高污染物排放标准和相关要求，加大治污倒逼力度，极大激发了企业治污主动性，刺激了环保产业潜在的市场需求"。在环境标准设置方面，浙江环保的条件在全国是处于前列的。浙江省在雾霾治理方面取得了一定成效，空气质量明显改善。菲达环保成为全球最大的燃煤电站除尘设备供应商。据浙江在线 2017 年 1 月 22 日讯，环境保护部公布了 2016 年空气质量状况、环境监测及"大气十条"工作进展情况。第一批实施空气质量新标准的 74 个城市中，2016 年度空气质量相对较好的前 10 位城市中，浙江占了 3 个，分别是舟山、丽水和台州。据浙江省环境保护厅 2017 年 12 月 1 日网站公布，全省各设区城市 AQI 实时数据显示（如图 1-1 所示），丽水和温州的空气质量为优，其他为良。

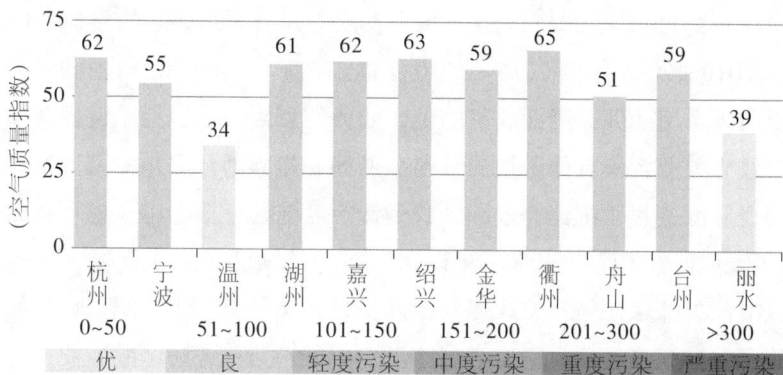

图 1-1 浙江省 2017 年 12 月 1 日各设区城市 AQI 实时数据

资料来源：浙江省环境保护厅（http://www.zjepb.gov.cn/）

环保部公布的数据显示，2016 年全国环境空气质量总体向好，优良天数和空气质量达标城市稳步增加，浙江治气成绩斐然，环境空气质量改善目标、大气污染防治重点任务完成情况、考核等级等"气十条"国家考核 3 项全优，共实施省级 16 个涉气重点区域综合整治。在浙江，政府已经发文明确了生态环境保护有关单位的主要职责，让环保的压力和责任进一步传导，成效显著。

（2）浙江环保产业发展情况

浙江省环保产业依照企业提供产品与服务情况的不同，可以划分为三个阶段：1949—1985 年为萌芽期，环保活动主要是供销部门回收、利用社会废旧物资及化工、轻工、煤炭等行业"三废"的综合利用，其产品主要是自用的环保设备，不过，市场兼容性与技术力量非常薄弱。1986—1992 年环保产品质量得到明显提升，环保产业逐渐进入规范阶段，环保技术水平进一步提高。1992 年至今是环保产业的发展期，概念内涵不断丰富，产业规模不断扩大，环保产业集聚区业已形成。例如，诸暨、天台、玉环等地以环保装备产品生产和环保服务等为代表，环保产业整体实力位居全国前列。根据全国最新环境保护相关产业状况公报，"十二五"期间浙江省环保产业的发展率为 15% 左右，营业收入年均增长率达到 30%。

宏观政策支持是推进环保产业发展的一个重要条件。2002 年与 2009 年，浙江省委、省政府和有关部门发布了关于加快发展环保产业的文件，2011 年与 2015 年，浙江省发改委、省经信委、省环保厅联合发布 2010—2015 年与 2015—2020 年的浙江省节能环保产业发展规划，分别明确了节能环保产业 5 年的主要任务与重点领域。为了促进规划落地，建立健全各项具体落地的细则。例如，建立浙江省环保产业发展联席会议制度，建立统计与跟踪督查工作制度，建立健全科技成果转化制度。为了推动环保产业园区建设和发展，鼓励环保产业集聚区做强做大，浙江省环保厅与省发改委联合发文，并指导杭州市、绍兴市、湖州市等开展环保产业重点集聚区创建工作。推进第三方环保服务业与环境污染第三方治理的发展。[24]

浙江省环保产业在全国处于领先地位，其产业结构不断优化。环保产品主要集中在"除尘脱硫脱硝及配套设备、水处理相关设备、环境监测仪器仪表、固废处理设备等，其中以大气污染治理设备和水污染治理设备为主，这两类设备的产值分别占环境保护产品生产总值的 60% 和 25% 左右，其他各类共占 15% 左右"。浙江环保服务业发展很快，除以科研院所、监测站服务业为特色外，还有环境影响评价、环保工程服务、污染设施运营、环保技术开发等服务企业。"十二五"期间，"浙江省环保服务业 PPP 模式与第三方治理模式发展迅速，一些大型设备企业转型投入 BOT 服务，营业收入得以增加"。[24]2016 年，随着污染防治工作的实施力度不断加大，对环境治理要求日益严格，环境服务业已经成为经济转型升级新的增长点。具体的表现是从业单位、从业人员数量及营业收入均在增长。

"2016 年，我省调查范围内从业法人单位 661 家，同比增长 26.1%；期末从业人数 3.86 万人，同比增加 16.3%；营业收入约 372.05 亿元，同比增长 7.5%，营业收入呈现小幅增长。"以小微企业为主体的行业构成尚未改变。环境服务业行业分布仍以小微企业为主体。行业空间分布较为集中，格局相对稳定。非国有企业行业集中度总体较高。"2016 年，环境服务业全省各地均有分布，且具有较高的区域集中度。77.7% 的企业营业收入来自于杭州和绍兴，仅 22.3% 来自其余城市。""从盈利情况看，在环境保护监测、水污染治理、大气污染治理、固体废物治理和危险废物治理五大细分领域中，固体废物治理领域以 11.9% 的营业利润率成为盈利能力最高的细分行业，环境保护监测领域营业利润率约 9.8%，以上两个领域均高于企业营业利润率全省均值 6.4%"。[24]

"根据罗兰贝格等全球知名咨询公司的预测，在未来 10~20 年时间内，节能环保产业将成为世界经济发展的主要增长点之一，成为支柱产业和第一大就业来源"。[25]浙江省有各种各样的高新技术园区，技术研发在产业的发展中至关重要。"省内有许多龙头企业，如菲达环保、阳光照明等，这些上市公司起到了良好的示范效应和带动作用"。节能环保产业在关键技术研发等方面已形成了一定特色，带领着浙江经济的发展。例如，诸暨现代环保装备高新技术产业园区"有 2 家中国 500 强企业、6 家上市公司、128 家规模以上工业企业、4 000 多家配套中小企业入驻，实现工业总产值 801.6 亿元，成了全省节能环保产业发展的一个缩影"。[25]

1.3.4　浙江省环保产业存在的问题

浙江中小微企业大多属于劳动密集型产业，整体上产业结构层次较低，排放的工业"三废"也较多，未来发展既有潜在的市场空间，也存在挑战。

1. 宏观层面

改革开放以来，浙江敢于创新，勇立潮头，充分利用先发优势，经济发展取得显著成绩。环保产业也随着经济发展不断受到重视，不过，还是处于自发态势。政府引导与扶持环保产业的力度尚显不足，系统性的宏观调控体系尚未构建起来。政府对产业管理存在多头管理情况，职责不明，有待进一步理顺管理机制。由于环境经济政策的制定往往涉及多个部门，如环保、资源管理、财税管理等部门，具体由哪个部门来牵头，由哪个部门来执行，这些细节需要进一步明确，有些环保专项发展资金分散于税务、经信、发改等部门的文件之中，环保产业发展的专项资金尚没有单独设立。针对日益严峻的环境问题，资金投入不足已成为制约环保产业发展的关键元素之一，造成以上问题的主要原因是认识问题、机制问题与执行问题。政府职员、企业人员、消费者的绿色消费倾向等偏好，是制约宏观环境治理的首要因素。目前，浙江省尚未形成一个行之有效的完善的运行机制，针对生态环保与环境治理企业的一些政策，往往具有一定的暂时性，会导致对一些企业有利，而对另外一些企业不利，使一些企业继续处于劣势的竞争地位。锦上添花的事情是政府主管部门热衷于做的，他们喜欢基础好、技术好、管理好的企业，偏向给予资助，而对基础不好的中小微企业则不愿扶持，于是中小微企业就更难以和基础好的大企业竞争了。生态环保与环境治理企业就不能处于公平的竞争地位，所以，政府出台扶持政策要立足长远，努力营造公开、公平、公正、有序竞争的环境。

2.中观层面

从行业规模及行业集中度来看，浙江省环保产业整体上仍处于规模偏小、集中度不高、比较分散的状态。不过，环保产业做到规范化、标准化处理也比较难。因为，同样类型的企业即使处于类似的自然条件下，其废水、废气、废渣处理的差异性也较大，如嘉兴、萧山、绍兴等地有不少印染企业，但相同类型的企业在不同地方处理废水的工艺和方式也不一样，这在一定程度上使得环保产业难以做到标准化和规模化。虽然从环保产业总量看，浙江省在全国名列前三，杭州、台州、诸暨等地产业集聚初步形成，但是，其不是以政府引导为主形成的。以政府扶持为主且以环保为主题的产业集聚区仅有三个，分别是诸暨现代环保装备高新园区、牌头环保产业园区和青山湖科技城，影响力不够，其他地区的环保产业处于松散状态，需要进一步引导与培育。

由于环保行业是跨行业的产业，所以，市场存在着多头管理的特殊性，加之，环保产业又是一个规范欠缺、尚未成熟的市场，行业门槛低，无序竞争比较激烈。小且分散，标准化、系列化产品不多，产品质量很难得到保证，工程招投、咨询服务业相互压价，无序竞争不利于产业健康良性发展，这些"副产品"最终将由"用户买单"，这也导致环保投资的低效率，将严重影响产业的可持续发展，这与市场需求不相适应，将很难满足人民日益增长的美好生活的需要。

3. 微观层面

环保产业是个综合性的新兴产业，能够带动相关产业发展，在价值链中起到拉动经济增长的作用。不过，浙江环保产业结构欠佳，中小微企业众多，劳动密集型企业居多，整体层次较低，工业"三废"排放较多，虽然市场有旺盛的需求，但是中小企业依然处于低层次竞争状态。技术开发投入不足，技术创新能力较弱，创新体系不完善，产学研结合不够紧密，技术水平总体不高。大多数环保企业规模不大，人才缺乏，资金实力弱，技术改造方面很难有大的投入，这将导致自主创新能力差。浙江省环保产业总产值中技术研发经费仅占 0.92%，投入明显不够。关键技术和核心技术与国际先进水平有较大差距，产业整体价值链层次偏低，相当部分关键技术与装备还依赖进口，如电除尘器、电袋除尘器等部分技术虽已达到国际水平，但脱硫脱硝等核心技术仍掌握在国外企业手中，受制于外方。同时，环保服务尚不具有足够的竞争能力，一定程度上影响了全省环保产业的进一步发展。[26]

在浙江制造走向浙江智造的转型中，在不断走向全球化的过程中，曾经抢人眼球的义乌小商品、曾经全球闻名的诸暨袜业和绍兴纺织业，如果不迎头赶上，或许只是美好的回忆了。但挥之不去的是粗放增长的过程中留下的永久"痕迹"，提前使得环境容量达到"饱和"，这就对当下的环保产业发展提出了更高的要求。企业普遍对节能比较感兴趣，因为可以直接降低成本，且效果立竿见影，但是，对环保和环境治理则不那么热衷，因为为"后悔"买单总是不那么情愿，且不能增加企业收益，只会减少利润，有时分担的部分存在争议，到底各家企业各承担多少，界限难以界定，存在扯皮现象。

1.3.5 浙江省环保产业发展对策思考

1. 宏观层面

环保产业是一个跨产业的综合性新兴朝阳产业，朝阳产业需要政府扶持培育，跨产业性决定需要政府进行协调，否则，必然是多头管理、无人负责、效率低下。所以，需要政府的有形之手与市场的无形之手。"十三五"期间，浙江省生态环保与环境治理业的发展应以专业化、产业化、市场化、网络化、国际化为导向，积极发挥市场的主体作用，发挥政府的引导作用，调动各个方面的积极性，加强政府和社会资本的合作，发挥行业协会的作用，积极进行商业模式创新，完善第三方治理，拓展环保产业发展空间。产业发展环境是推动环保产业健康发展的关键因素之一，政府监管和行业自律要同步进行，消费者维权与企业管理结合，法制约束与道德建设结合，产业设施与人才培养结合，多渠道、全方位地促进产业内外环境不断优化，形成竞争有序、良性循环的产业生态环境。

资金是产业发展的关键因素之一，为此，政府要探索和完善多元化的投融资体制，联合浙江省投融资协会等金融机构，积极探索新的融资模式，如"对环保产业基金、财政引导基金、PPP+PPC 模式、BOT+PPC 模式、绿色债券、龙头企业并购基金等模式的深化研究和推进"。[27]支持金融创新，开展优质资产证券化，对试行排污权、收费权、购买服务协议质押等金融创新模式给予支持和鼓励，完善多元化的投融资体系建设。

科学规划，发挥产业集群的集聚效应，对已经形成规模的杭州、宁波、绍兴等产业集聚区要加强引导，重点发展技术含量高、产业化程度高、市场需求大的关键技术，形成具有区域特色的优势产业，着眼于在国内领先、在国际上具有一定的竞争力的产业，立足国内，放眼世界。对于环保服务业，要注重高端人才的培养，打造高端环保服务业集聚基地。杭州服务经济具有优势，集聚了浙江省顶尖的环保技术研发高校、科研院所，要加大以杭州市为中心的服务总部基地建设，辐射带动周边区域的环保装备、配件加工业发展，大力发展总部经济，将杭州打造成高端环保服务业集聚基地。

2.中观层面

浙江省环保产业到2020年，将建成以集聚化、高端化、智能化、绿色化为特征的产业体系，继续在国内处于领先地位，部分领域能够达到国际先进水平。到2020年，节能环保产业总产值预计达到1万亿元，成为经济转型升级新的增长点。积极进行技术创新，生产一批高技术装备，建成创新服务平台，提升创新水平。要紧密围绕绿色化的要求，引导生活方式的绿色化转变。积极推进环保技术和装备的产业化，加强技术创新，加强环保服务业的发展与模式创新。未来环保产业要逐步发展为水、大气、土壤、固体废物等相关产品和服务全面发展的产业结构。从以产品为主向以服务为主的产业链整合发展，向综合环保服务、全过程服务模式转型。环保产业产学研技术创新体系建设迫在眉睫，自主创新和引进吸收再创新是提升产业整体竞争力的必由之路。应加大环保技术投入，加大人才引进与培养力度，做好科技试点推广工作，推动环保产业有序发展。注重调动各个方面的积极性，鼓励民营企业参与重大专项课题，充分发挥产学研的协同创新作用，加速成果转化和产业化。还要充分发挥环保科技创新的主体作用，打造、扶持、培育科技平台，发展多边平台模式，利用互联网技术，搭建多方受益的可持续发展的技术平台，引导、扶持龙头骨干企业加大研发力度，掌握关键技术，面向世界，在世界环保科技舞台上，不断走向台中，不断拥有话语权。充分利用省环境学会、环保产业协会，以环博会、专家对接会等方式，加强国际合作，通过采取走出去、引进来的手段，搭建环保产业国际合作的公共服务平台。借助"一带一路"倡议、援外项目、境外经贸合作区等途径，实施环保产业"走出去"战略，提升我国环保产业国际竞争实力，推动环保产业快速发展。

3.微观层面

企业是市场经济的主体，对环保行业来说，龙头骨干企业又是行业快速发展的领头羊。以环保产品生产、环保工程、环保服务业为重点，鼓励骨干企业掌握核心技术、提高市场占有率、培育自主品牌、不断放大品牌价值。企业也要积极主动地去和科研机构合作，加大研发力度，注重成果转化，推广先进技术和产品。同时，企业要与时俱进，积极响应"互联网+节能""互联网+环保"行动。充分利用物联网、大数据技术、云计算，积极响应省政府"互联网+"行动计划，加快实施"互联网+节能""互联网+环保"，探索能源互联网、智能电网、智慧环保等新模式、新业态，加大运营模式、盈利模式的创新力度，加快制造业与服务业的融合，促进运营企业向规模化、专业化发展。浙江有独特的信息技术优势，使"互联网+"的结合方式多种多样，比如在信息平台的打造上，可以借助互联网的口碑化效应，使技术、服务、装备做到真正的透明化。可以解决服务业总体上存在的创新能力不强、市场不规范、服务体系不健全等问题。为此，企业应大力发展智能环保，完善污染物排放在线监测系统，建立环境信息数据共享机制，完善废旧资源回收利用体系，创新再生资源回收模式以及建立废弃物在线交易系统，完善线上信用评价和供应链融资体系，推动现有骨干再生资源交易市场向线上线下结合转型升级。

2 商业模式理论研究

2.1 基于价值视角的商业模式文献述评

2.1.1 引言

随着经济全球化与网络技术的飞速发展，关于商业模式的研究日益受到了重视，不过，商业模式到底是什么？不论是理论界还是商界都莫衷一是。早在 1939 年，Schumpeter 就曾指出，新商业模式竞争比价格与产出的竞争更重要。德鲁克也明确指出："现代企业的竞争是商业模式之间的竞争，而不是产品之间的竞争。"20 世纪 60 年代"商业模式"第一次出现在国外文献中，之后，商业模式的研究开始引起人们的重视，但燃起人们研究热情的却是 20 世纪 90 年代以后，特别是随着互联网的快速发展，人们对商业模式的研究兴趣与日俱增。从中国知网（http://www.cnki.net）上发表的文章数量可见一斑（见表 2-1 和图 2-1），在中国知网"主题"中输入"商业模式"，可以在"期刊"范围中看到：

表 2-1 1972—2017 年中国知网关于商业模式研究的论文数量统计表

发表时间	1972年	1979年								
论文数量（篇）	1	1								

发表时间	1980年	1981年	1982年	1983年	1984年	1985年	1986年	1987年	1988年	1989年
论文数量（篇）	2	2	6	9	16	30	33	62	77	65

发表时间	1990年	1991年	1992年	1993年	1994年	1995年	1996年	1997年	1998年	1999年
论文数量（篇）	45	50	75	154	341	333	301	253	300	414

发表时间	2000年	2001年	2002年	2003年	2004年	2005年	2006年	2007年	2008年	2009年
论文数量（篇）	801	708	844	984	1 072	1 411	1 675	2 280	2 562	2 632

发表时间	2010年	2011年	2012年	2013年	2014年	2015年	2016年	2017年		
论文数量（篇）	3 231	3 739	3 978	4 940	6 366	7 367	7 288	2 640		

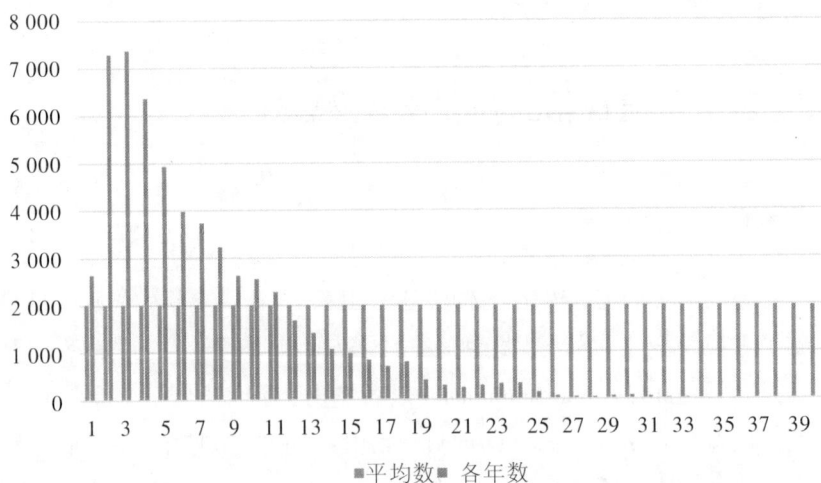

图 2-1 1978—2017 年中国知网关于商业模式研究的论文数量统计图

注：图中"1"表示 2017 年，"3"表示 2015 年，…，"39"表示 1977 年。

论文数量从 1972 年的 1 篇到 1983 年的 9 篇，每年均为 10 篇以下；1984 年到 1992 年每年均为 100 篇以下；1993 年到 1999 年每年均为 500 篇以下；2000 年之后，增速明显，2000 年为 801 篇，2009 年为 2 632 篇，2000 年到 2009 年每年均为 3 000 篇以下；2010 年之后每年都超过 3 000 篇，2016 年达到 7 288 篇，2017 年截至 7 月 10 日为 2 640 篇。论文数量是经济社会发展的一个表现，1993 年明显超过 1992 年，1994 年为 1993 年的 2 倍多，这与 1992 年 1 月邓小平视察南方谈话有关，与我们加快发展社会主义市场经济的战略决策有关。在大力发展社会主义市场经济的大背景下，随着互联网技术的飞速发展，极大地激发了理论界与商界对商业模式的探索与研究热情，2000 年论文数量约为 1999 年的 2 倍，特别是 2010 年之后，"互联网+"及电子商务产业的发展，对商业模式创新有着迫切的需求。可以预见，未来对商业模式及其创新理论的研究与探索还将热度不减。

国外研究者也得出类似的结论，2000 年之后，关于商业模式研究文献的数量与互联网发展是正相关的。至今，关于商业模式的定义不下百种，有的学者进行了分类比较研究，例如，Morris 等（2005）对 30 多篇有关商业模式的研究文献进行归纳与比较，认为商业模式的定义可以分为"经济模式、运作模式与战略模式"，采取统计分析的方法，对商业模式的核心要素进行分析，在此基础上给出了商业模式的定义。[28] 对有关文献进行归纳研究是比较常见的文献研究法，这是不完全归纳法，具有一定的科学性与实用性。魏炜、朱武祥、林桂平（2012）在《基于利益相关者交易结构的商业模式理论》一文中，分析商业模式定义时，列举了 12 篇具有代表性的文献进行比较分析。在分析商业模式构成要素时，列举了 6 篇经典文献，指出这些要素没有厘清商业模式的内涵与外延，也没有指出各个要素之间的关系，针对这些不足，提出了自己的看法。

这种研究方法比较普遍，在国内关于商业模式研究的博士论文及专著中，引用外文经典文献进行归纳分析，然后结合自己的研究主题与理解，得出商业模式的定义及核心要素。这些研究成果已经具有中国特色，因为这些博士论文及专著是扎根于中国的国情及具体产业或企业发展，多结合中国企业的实际进行分析的，所以说，其具有"中国语境"特色，国内学者在此背景下来阐述对商业模式的理解，或许更利于国内理论界发展商业模式理论，利于企业界去探索商业模式的创新之策。对于这些文献中出现的商业模式定义及阐述的核心要素进行比较归纳研究，可以总结出扎根国情的"商业模式概念"，而且这项工作具有迫切性，正如琼·马格丽塔在《商业模式的缘由》一文中指出的："除非我们清楚地界定企业的商业模式的含义，否则这些概念仍会是迷乱的和难于应用的。"[29] 可见，探索现代商业模式的本质属性，已经成为当今管理学界一个迫切的理论与现实问题。

2.1.2 研究方法

现代管理科学的研究方法可以分为定性研究与定量研究。目前，传统的纯理论和思辨性研究正向实证研究及实验研究转变，所以，目前定量研究方法比较受重视。通过实证去检验理论假设比较多见；构建数理模型，然后通过数据进行验证，这也是比较常见的。而定性研究方法相对不太受重视，其实，重大的理论突破少不了定性研究，所以，定性研究方法与定量研究方法相结合是以后的发展趋势。具体到商业模式概念内涵研究来看，一般是先列举有代表性的中外学者的研究结论，然后进行比较归纳，统计出高频词，据此来定义商业模式内涵。这种研究方法具有一定的科学性，不过，存在的问题也不少。首先，统计不同学者对商业模式的定义时，有的文献是基于现代互联网企业的，有的是以传统企业为背景的；有的是战略研究视角，有的是营销策略研究视角；有的是着眼于商业模式前因，有的则着眼于商业模式的结果；有的聚焦蓝图阶段，有的则集中在价值分配环节；有的在价值链流程中进行分析，有的则从价值生态视角进行剖析。总之，不同研究背景，不同研究视角，对商业模式核心要素的关注点是不一致的，在不一致的视域下统计出的高频词具有一定的代表性，对概括商业模式概念的一般意义具有一定的借鉴价值，但是，从理论上讲，任何理论都有一定的存在背景与条件，没有在任何环境下都成立的理论。其次，我们在实践方面，可能会更多地关注我们某个行业、某个产业的商业模式具有什么特点。"互联网+"背景下企业商业模式将是什么样的，具有什么规律，这些问题是企业家非常关注的。再次，不少研究者总结出商业模式具有什么核心要素，然后就据此来定义商业模式概念，其实，这犯了逻辑错误。为什么这么讲呢？战略管理里讲战略决定组织结构，进而研究其对绩效的影响。产业组织分析理论有个 SCP（Structure-Conduct-Performance Model）分析理论，说的是结构、行为与绩效之间有逻辑关系。在研究商业模式时，有研究者提出要素、结构与功能之间的关系理论，这些见解对商业模式的解构具有一定的科学性，因为，量的积累与空间结构的变化会引起质变。从这个意义上讲，好像没有错，但我们举个例子，如果我们来给"小学生"下定义，可以把世界上不同国家的小学生在学校干什么进行要素统计分析，于是有关学习的、生活的等共性元素被总结出来了，据此来给"小学生"下定义，那么，具有某些要素特征则为"小学生"。不过，如果我们换个思路来研究，问不同国家与地区的小学生来学校希望学到什么，什么使他们感到最快乐，做了哪些活动，然后据此进行统计，最后在此基础上也可以定义"小学生"。好像两者差别不大，但是，一个是从形式上入手，一个则从目的与功能入手，要素是依从于不同目的与功能的。于是，我们可以得到启发，研究商业模式的定义，可以先研究其目的与功能，然后再研究与这些目的与功能相对应的要素构成及其关系。因为要素是依从商业模式目的与功能的，不能先把要素从不同背景、不同研究目的的"商业模式"内涵中解构、剥离出来混在一起统计研究。因为，从某种意义上讲，它们听起来或字面上是一个词，但是，却不在同一个"层次"上，所以，本书将先对商业模式的功能属性进行归类，然后，再分别对其核心要素及其关系进行分类统计，依此逻辑来分析商业模式的内涵及其要素与关系。

2.1.3 基本概念释义

1. 商业

《现代汉语词典》（第五版）中"商业"有两种含义："以买卖方式使商品流通的经济活动；组织商品流通的国民经济部门。"[30] 英语中对应汉语"商业"的词主要有"business, commerce, trade, biz"等，"business"的含义是："商业；买卖；生意。"也指"商业机构；企业；公司；商店；工厂。"[31] "commerce"的含义是："（尤其指国际）贸易；商业；商务。"[31] 综上可见，商业可以从微观、中观及宏观三个层面来理解：微观层面是指市场主体之间做"买卖"；中观层面具有"行业"意义；宏观层面有"国际贸易"的意思。具体到"商业模式"来看，可以指一个企业的商业模式，也可以指一个行业的商业模式，相对于生产环节而言，多指"流通"环节。不过，随着网络经济的不断发展，企业边界已经模糊，生产企业中的商业服务与服务业之间已难以区分。从这个意义上讲，商业模式不仅仅局限于流通环节，从冠以"商业模式"名词的文献看，有些文章或专著中使用"商业模式"比较泛化，企业的管理模式或行业的经营模式也冠以"商业模式"，说明该概念易于吸引眼球。

2. 价值

价值的内涵比较丰富，《现代汉语词典》（第五版）中"价值"有两种含义："体现在商品里的社会必要劳动；用途或积极作用。"[30]百度百科除了这两种含义外还有："（1）价格。梁启超《变法通议·论变法不知本原之害》：'中人之游欧洲者，询某厂船礮之利，某厂价值之廉，购而用之，强弱之原，其在此乎？'（2）价值是人类用于衡量达成精神共识所耗费的物质资源的尺度标准。价值是一个比值，价值（v）＝精神共识（信用度 c）/物质消耗（能耗量 e）。"[31]"value"在《牛津高阶英汉双解词典》（第 6 版）中被解释为："（商品）价值；（与价格相比的）值，划算程度；用途，积极作用；信念（是非标准）；数值。"[32]

综上所述，"价值是体现在商品中的无差别的人类劳动，用社会必要劳动时间来衡量商品价值量的大小，有时等同于价格。"马克思认为，"价格是价值的表现形式"，这些是价值的经济学含义，它更多地表现着其精确的、可量化的一面。同样，价值也有其难以量化的非经济学内涵，表现着社会学、哲学、心理学等方面的含义，当具体到其"积极作用、意义"的含义时，其往往是心理的一种感受，是难以量化的，需用精神层面的体验与物质消耗之比来衡量。说到"价值观""生活准则"的含义时，就是其哲学范畴。正因为有这些含义，所以，在经济管理文献中，价值不仅仅指经济学方面的"收益""利润"等含义，也有社会学方面的"社会利益"含义，也有心理学方面的"满意感觉"含义，也有精神层面体验的"划算"含义，甚至还有其他更丰富的内涵。例如，最近关于商业模式研究的文献中，已经出现"经济价值""社会价值""能力价值""生态价值""环境价值"等关键词，这表明"价值"的内涵是随着社会、经济的发展而不断丰富的，同时说明商业模式的研究也是与时俱进的，其研究范畴也在不断拓展。

在商业模式研究的早期，学者们多把商业模式视为盈利模式，研究的重心多在企业利润的获取方法上。"价值"的含义体现在其经济性上，价格、收入、成本结构、经济效益、盈利水平等变量成为该时期商业模式研究的焦点，价格是影响商业模式盈利的决定因素，这个"价格"就是"价值"研究视角的主要内涵，关注的焦点是企业的盈利，于是，商业模式早期多被理解为"企业如何获取并保持收益"。[33]

3. 给概念下定义及其规则

给概念下定义是为了减少混乱，不仅是理论研究的需要，也是实际工作的需要，就像给"小孩"起个名字一样重要，丝毫不能耽误。但是，给概念下定义也不是那么容易的。首先要理解"概念"的含义。我们知道，"概念就是对事物本质属性的描述"，那么，什么是事物的本质属性呢？人们对客观世界的认识遵循从感性认识上升到理性认识的基本规律，不过，这个升华一定能达到真理，或者接近真理吗？其实很难，这个工作具体由谁来做，这个人的概括能力与研究能力到底如何，他下的定义是否会得到多数人的认同，是否经得起科学检验，都有待确定。可见，我们对事物的认识是有局限性的，真正穷尽而达到绝对真理是困难的，也是不可能的，所以，给概念下定义是非常难的工作，有些概念已经有了定义，即使是约定俗成的，或者是被基本认可的，但是，随着社会发展依然有不断改进的空间。

虽然给概念下定义不是一件简单的事情，但是，一个基本概念是否准确并得到理论界的普遍认同是一门学科是否成熟的重要表现，进而直接关系到实践探索及实际的效果，又不得不对这些概念进行认真探究。例如，与我们经济社会发展密切相关的"市场经济""经济利润""机会成本""企业战略""商业模式""幸福指数"等，这些概念直接关系到经济社会发展，直接影响生产发展与我们的生活品质，所以，我们必须认真研究，力求科学严谨、求精求真。具体来看，"用'属加种差'的方法给概念下定义，是比较常见的一种方法"。给概念下定义的格式是：被定义项=种差+临近的属。"首先把某一概念放到另一个更广泛的概念里。然后，把被定义概念反映的这一子类对象与它的属类中其他子类对象作比较，概括出它们在本质属性上的差别，即种差。"不过，有些概念找不到其归"属"，可以"揭示被定义项所指谓的对象与其他对象之间的特有关系"来给概念下定义。下定义不要出现这些问题："同语反复，循环定义；定义过宽，定义过窄；不当否定，揭示不明；晦涩难懂，意义不定；以打比喻，作为定义。"[34]这些注意事项，也是我们给概念下定义的规则。

2.1.4 商业模式定义的多视角解析

1. 国内关于商业模式研究的专著及博士论文简述

国内关于商业模式研究的学者基本上可以分为两类：其一是学院派，其二是实战派。学院派多是在高校或科研机构工作，没有实际的企业管理经验，但对商业模式的学术前沿比较关注，撰写的专著理论性比较强。实战派多是有企业管理经验或是从事企业管理咨询培训等工作，撰写的商业模式研究专著注重实战与时效性。两派的专著在字面上的界限比较明显，但是，专著面对的读者群主要是中国人，他们既注意理论性，又注重实践操作性，几乎每本专著中都有大量的案例及其分析，数理模型的运用比较少，这或许是考虑发行量的原因，当然，也有专著是博士论文的加工版，或是课题研究成果的升级版的原因。这些专著多以科研成果公开发表为主旨。专著中关于商业模式的定义及核心要素的提炼多以国外文献为研究对象，统计代表性观点，之后进行比较归纳，结合自己的理解，给出商业模式的定义，并提炼出核心要素。从下定义的一般方法看，是"属加种差"，尽管学者给商业模式下定义，不都是依照这个逻辑，但是，这个逻辑思路却可以用来进行归类分析，即根据其"属"的范畴，给出其大类，然后，根据定义所强调的重点，依照价值链的顺序进行解构剖析，例如，关注商业模式的前因、过程还是结果，再进一步进行分类解析。这个思路也是国内博士论文的主要研究思路，即对商业模式的研究文献进行归类，然后提出自己的看法；还有些是采用别的研究者的观点，多数是国外知名学者对商业模式的定义，然后选取其核心要素展开研究，最后多以多个案例进行比较研究，或者是对单个案例进行纵向深入研究；也有的研究要素之间的关系，或者商业模式与绩效之间关系的验证研究，以上市公司或者调研的资料为样本，进行统计分析研究，或运用结构方程或仿真模拟进行研究。从给商业模式下定义的角度看，专著对商业模式分析得比较清晰，选取要素研究的思路也很清楚。博士论文文献研究比较充分，但是，有些论文概括得不是很精练，甚至没有自己的理解，这是不严谨的，因为没有自己的理解，是博士论文缺乏原创性的表现，它们往往借用别的研究者对商业模式的定义，然后就据此泛泛而谈，这是不严谨的，因为，论文的进一步的深入研究缺乏铺垫且演绎连续性也断裂了。从某种意义上讲，这是硬伤。

2.商业模式定义的多视角解析

基于前文对概念下定义的分析及以商业模式达到的目的或者商业模式功能为切入点，拟以下定义的"种差"为主，分析与其他"亚属"的差别为侧重点，选取商业模式的目的或商业模式功能为划分的标准，即将商业模式的功能属性分为以创造客户价值为主，创造企业价值为主，创造客户价值及企业价值兼顾为主，创造客户价值、企业价值及利益相关者价值兼顾为主等四个方面进行归类比较分析，在完成商业模式每个功能属性的归类之后，再分析其核心要素及关系。这种分析是以事物的本质为出发点，而不是从形式上入手，更便于厘清商业模式的本质属性，这也是学术研究的一个创新。

（1）以实现客户价值为主旨

对客户价值的研究是现代管理学的热点之一，属于营销学范畴。营销理念告诉我们，应从客户的需求出发，而不是从自己的产品出发，企业所有部门都要关注客户的需求，这是现代营销哲学的体现，即顾客需求什么就生产什么、就服务什么。企业通过满足客户的需求来实现自己的价值。科特勒讲过，比竞争对手更好地满足客户的需求，要通过提供超过客户期望的价值来培养一批忠诚的客户，那么企业就有源源不断的利润，这些是现代企业经营的金科玉律。具体如何来计量客户价值呢？简单地说，就是客户从产品或服务中获取的总收益与消费过程中总付出之差，即客户价值=客户感知利得−客户感知成本。

王雪冬（2015）认为，顾客价值既具有客体性的一面，又有其主体性的一面，因为，顾客价值是与顾客密切相关的。据此，主张以相对顾客价值来反映顾客价值的内涵，即相对顾客价值的公式为：V=U／C；其中，V代表本企业所提供的顾客价值，U为顾客得到的效用，C为顾客付出的成本。她选择部分"代表性"的文献（当然会倾向性地选择），比较分析有关研究文献后，认为商业模式的构成要素中的顾客、顾客价值、顾客价值主张是高频词，"顾客和顾客价值（顾客、顾客价值、顾客价值主张）是商业模式的核心构成要素"，所以，"顾客价值发现过程是商业模式创新的首要因素"。她给出的商业模式定义是："围绕'价值'议题展开的商业模式涉及价值发现、价值传递、价值创造和价值俘获等环节，而顾客价值发现过程是商业模式构成要素中首要且最为重要的元素，是商业模式创新的核心、灵魂和最活跃的维度。"[35] 可见，她对商业模式的定义侧重于价值链的前端，将顾客价值发现视为商业模式创新的前提与起点，也是商业模式的重要功能，包含的核心要素是"价值发现、价值传递、价值创造与价值俘获"等。

冯雪飞（2015）认为，为顾客创造价值是商业模式的目的。她认为："商业模式是企业价值创造的基本逻辑，它以顾客为核心，围绕价值展开，是企业在特定的价值网络中为实现顾客价值主张，进而创造价值，传递价值，最终获取价值的一种概念化陈述。"[36] 显然，其商业模式的核心要素与王雪冬的总结是一致的。

余来文（2014）在互联网背景下研究企业的商业模式。他指出，商业模式的目的就是"实现客户价值最大化"。他认为："商业模式就是为实现客户价值最大化，把能使企业运行的内外各要素整合起来，形成一个完整的、高效率的、具有独特核心竞争力的运行系统，并通过最优实现形式满足客户需求、实现客户价值，同时使系统达成持续盈利目标的整体解决方案。"他强调："商业模式要形成具有竞争性、持续性、可盈利的整体解决方案。"互联网思维的商业模式的核心要素主要体现为："战略定位、资源整合、盈利模式、营销模式、融资模式和价值创造。"[37]

陈华平（2015）认为："任何一种商业模式，其本质的目的就是挖掘或者满足消费者可能存在或者已经存在的消费需求，为客户创造价值。""构建商业模式的三点要素是：注意把握全新的市场机会；突出产业价值链的整合；重视企业价值链的整合。"可见，挖掘客户需求，为客户创造价值是商业模式的基本功能。构成要素，简单地说，就是发现市场机会，在产业层面与企业层面进行价值链整合。这个理解类似于营销学中对营销的理解："发现你的市场，然后设法满足她。"[38]

栗学思（2015）认为，模式是否丰富是衡量某领域是否具有专业水准的尺度，它可以帮助人们产生专业判断、直觉与预感，模式就是"一定情境下的问题整体解决方案"。"商业模式是企业创造价值的内在逻辑及其整体解决方案的基因结构，是企业为客户创造价值的差异化样本。"可见，企业为客户创造价值是商业模式的主要功能。其构成要素是："客户（价值需求）；产品（价值载体）；运营（价值创造）；渠道（价值传递）；经营者（价值选择）；管理机制（价值驱动）；竞争壁垒（价值保护）。"这七个要素相互依赖、相互影响，共同形成企业创造价值的内在逻辑与价值系统。[39]

以实现客户价值为主旨的部分文献统计分析表见表 2-2。

依照生产或运作的一般流程，即"输入—加工—输出"的逻辑思路，大致依照"价值发现—价值创造—价值实现"的基本思路进行归类。通过表 2-2 对核心要素进行统计分析，关键词（含近义词）出现频次，依次为：价值发现 4 次（含价值主张、全新的市场机会、价值需求）；价值创造 4 次；价值传递 3 次；价值实现 3 次（含价值俘获、价值驱动及价值保护）；其他均出现 1 次。

通过以上归类总结可见，从满足客户需求角度看，商业模式就是体现着价值发现、价值创造、价值传递与价值获取的基本逻辑，为客户创造最大化价值而采取的系统解决方案。

（2）突出实现企业价值

企业价值在管理学中有许多含义，在研究商业模式时，企业价值可以理解为财务价值，在具体商业模式项目中可理解为企业所获取的净利润。

表 2-2　　　　　　以实现客户价值为主旨的部分文献统计分析表

作者及文献	商业模式目的或功能	核心要素	定义类型	备注
王雪冬《商业模式创新中顾客价值发现过程研究——基于传统行业成熟企业的案例研究》	顾客价值发现	价值发现、价值传递、价值创造、价值俘获	结构化定义，采取与其他要素关系比较来定义	博士论文
冯雪飞《商业模式创新中顾客价值主张研究》	顾客创造价值	价值主张、创造价值、传递价值、获取价值	"属"为"基本逻辑"	博士论文
余来文《企业商业模式：互联网思维的颠覆与重塑》	实现客户价值最大化	战略定位、资源整合、盈利模式、营销模式、融资模式、价值创造	"属"为"整体解决方案"	编著 互联网背景
陈华平《商业模式创新：探索商业模式的未来之路》	为客户创造价值	全新的市场机会、突出产业价值链和企业价值链	"属"为"解决方案"	专著
栗学思《商业模式制胜：案例解析超速赢利的商业模式》	为客户创造价值	客户（价值需求）、产品（价值载体）、运营（价值创造）、渠道（价值传递）、经营者（价值选择）、管理机制（价值驱动）、竞争壁垒（价值保护）	"属"为"差异化系统解决方案"	专著
共同点	为客户创造价值	价值发现、价值创造、价值传递、价值实现	解决方案	在客户需求挖掘方面予以关注

王卓、李剑玲、丁杰（2015）指出："商业模式是由一系列企业运作规则构建起来的旨在盈利的商业系统。"[40]商业模式的最终目的在于盈利。他们列举了1998—2011年一些学者对商业模式构成要素的界定，总结出商业模式要素可以分为三个层面："核心层（企业战略定位和价值主张）；基础层（资源配置、价值网络和收入来源）；运作层（客户关系、竞争战略和竞争能力）。"可见，这个商业系统包含的内容比较多，有企业战略层面的定位，还有竞争战略。他们对商业模式的理解与企业战略之间存在交集，这里对商业模式的界定比较宽泛，企业经营活动，或者说，企业盈利的所有经营活动几乎都被包含进去了。可见，这个关于商业模式的定义太宽，其"属"为商业系统，而种差表述为"一系列企业运作规则"也没有体现商业模式与其"平行概念"，例如营销策略的本质差别。

王千（2015）认为："商业模式实质就是企业价值创造系统。""商业模式包括价值需求、价值载体、价值传递、价值创造、价值驱动与控制、价值设计和价值保护等七大系统。"[41]为企业创造价值就是商业模式的功能。商业模式系统的构成要素是："客户需求力、产品力、渠道力、运营力、驱动与控制力、领导力和保护力。"这七种力量组成了商业模式的竞争力。

周祺林（2014）认为："商业模式是为了最大化实现企业价值而构建的利益相关者长期盈利服务的交易结构。"商业模式的要素构成为："一个由用户价值、企业资源和能力、盈利方式构成的三维立体模式。"显然，商业模式构建交易结构的目的是最大化实现企业价值，可见，实现企业价值是商业模式的目的，构成商业模式要素的界定比较清晰。[42]

曾涛（2006）认为："商业模式是一个组织在明确外部假设条件、内部资源和能力的前提下，用于整合组织本身、顾客、供应链伙伴、员工、股东或利益相关者来获取超额利润的一种战略创新意图和可实现的结构体系以及制度安排的集合。"[43]"企业与顾客、供应商、股东之间构成了界面结构，发生着信息、能量与物质的交换"。通过"价值对象、价值主张、价值实现方式、内部构造、资源配置与价值潜能等六个结构维度"实现不同的价值交换，保持商业模式的持续发展。获取超额利润是企业商业模式的任务，其结构要素是"3+1"个利益主体，即企业、供应商、顾客、股东或利益相关者，结构维度要素是"价值对象、价值主张、价值实现方式、内部构造、资源配置与价值潜力"。

浦贵阳（2014）认为："商业模式是由商业活动的结构、结构元素之间的关系组成的一个完整的商业系统，也是企业价值创造的系统逻辑；它阐述了企业需要明确的基本假设条件所涉及的内容，是企业如何创造价值和获得利润的基本方法。"该概念认为商业模式的功能是创造价值与获取利润，该定义的"属"是"基本方法"。构成商业模式的要素是：一定的要素及其关系（循环累积因果效应而形成的逻辑关系）。[44]

张军（2010）认为："商业模式是一个组织系统在明确的内外部环境的假设前提下，通过整合组织系统内部的各个相关利益主体之间的相互联系而获得超额利润的一种战略设计。"[45]构成要素是："顾客价值要素、价值网要素和企业资源能力要素等三要素。"可见，"获得超额利润"是商业模式要完成的任务，商业模式是一种"战略设计"。

陈琦（2010）认为，不论是强调商业模式构成要素及其关系的系统视角，还是强调创造价值的运营模块的逻辑视角，都有共同之处，即商业模式的盈利目的。他认同 Amit & Zott（2001）对商业模式的界定："商业模式是指企业以捕捉商业机会从而创造价值为目的所设计的交易内容、交易结构和交易管理。"商业模式的构成要素是："交易内容、交易结构和交易管理三个子要素。"[46]

王鑫鑫（2011）认为："商业模式描述企业提供给目标客户的价值，以及公司内部和外部合作伙伴网络所组成的体系结构，这个体系结构致力于合理分配资源用来创造和实现这个价值，以最终获得利润。"显然，获取利润是商业模式的最终目的，软件企业商业模式的结构要素包括："（1）'为谁'，对顾客的界定；（2）'做什么'，对顾客的价值主张，提供的产品/服务；（3）'如何做'，即创造并传递价值给顾客的体系，包括资源配置、合作网络、能力和渠道；（4）'如何盈利'，描述了企业收入模式。"[47]

以实现企业价值为主旨的部分文献统计分析表见表 2-3。

表 2-3   以实现企业价值为主旨的部分文献统计分析表

作者及文献	商业模式目的或功能	核心要素	定义类型	备注
王卓、李剑玲、丁杰《商业模式创新与评价研究》	最终目的在于盈利	商业模式要素分为三个层面：核心层（企业战略定位和价值主张）；基础层（资源配置、价值网络和收入来源）；运作层（客户关系、竞争战略和竞争能力）	"属"为商业系统	专著
王千《互联网经济下的商业模式及其创新研究》	为企业创造价值	价值需求、价值载体、价值传递、价值创造、价值驱动与控制、价值设计和价值保护	"属"为"系统"	专著
周祺林《向模式要利润：商业模式颠覆、创新和重构》	最大化实现企业价值	用户价值、企业资源和能力、盈利方式	"属"为"交易结构"	专著
曾涛《企业商业模式研究》	获取超额利润	结构要素是"3+1"个利益主体，即企业、供应商、顾客、股东或利益相关者，结构维度要素是"价值对象、价值主张、价值实现方式、内部构造、资源配置与价值潜力"	"属"为"战略设计、结构体系以及制度安排的集合"	博士论文
浦贵阳《价值网络对创新绩效的作用机制研究：基于商业模式设计的视角》	创造价值与获取利润	一定的要素及其关系（循环累积因果效应而形成的逻辑关系）	"属"为"基本方法"	博士论文

续表

作者及文献	商业模式目的或功能	核心要素	定义类型	备注
张军《商业地产商业模式创新研究》	获得超额利润	顾客价值要素、价值网要素和企业资源能力	"属"为"战略设计"	博士论文
陈琦《企业电子商务商业模式设计：IT资源前因与绩效结果》	商业模式的盈利目的	交易内容、交易结构和交易管理	"属"为"交易关系"	博士论文
王鑫鑫《软件企业商业模式创新研究》	获取利润是商业模式的最终目的	商业模式的结构要素包括：顾客、价值主张、资源配置、合作网络、能力、渠道、收入模式	"属"为"体系结构"	博士论文
共同点	为企业创造利润	价值发现、企业资源配置、价值实现	系统结构	

即使是中国汉语的表达，在研究商业模式概念时，不同学者对同一个词的字面理解也有差异，甚至有的概念在使用中其外延很大，如表2-3中的"价值需求"，实际包含了顾客定位及价值主张两层意思，还有"用户价值"至少包含有"目标客户"及"价值定位"的含义，所以，如果学者仅仅从字面上简单地进行统计分析，得出的所谓"高频词"也是不准确的。因为，字面相同的词，在具体文献中的含义是不一致的。故本书在统计分析时，把"企业战略定位和价值主张""价值对象与价值主张""顾客与价值主张"这三个概括为"价值发现"，也相当于"顾客价值要素""价值需求""用户价值"。这样"价值发现"统计数为6次，企业资源配置为5次（含资源配置能力、资源配置与价值潜力、资源配置和能力），价值网络5次（含价值网要素、合作网络、要素及其关系、交易结构）。其他要素，综合起来看，可以用"价值实现"去概括。

通过以上归纳比较，可以看出，从为企业创造价值的角度看，商业模式就是明确价值发现，发挥资源配置能力，处理好价值网络关系，最终为企业创造最大化利润。

（3）突出实现企业价值与客户价值

李东（2016）认为："商业模式就是以企业为核心的利益相关体，在完成'顾客价值创造'和'获取自身利益'两大任务方面，开展的有关活动的方式或者说式样。"显然，商业模式要完成两大任务，即创造顾客价值与获取企业价值。商业模式的构件是"顾客价值主张、顾客问题解决方案、盈利来源、内部运营系统及外部合作网络等这些任务完成式样的组合"。[48]

罗倩（2013）在对部分经典文献进行比较分析后，得出商业模式的定义为"围绕价值创造与价值获取两个价值维度的一系列活动及其相互关系的结构关系"。同时界定商业模式的四要素为"价值主张、价值网络、核心资源和收入组合"。[49]

龚丽敏（2012）认为："商业模式是对以资源和能力的投入为基础、通过建构企业所处的价值链和外部网络，实现价值创造和价值获取的描述。"新兴经济企业商业模式的四个要素是"价值主张、企业能力、价值链环节和营销渠道。或者三要素（价值主张、价值创造、价值系统）整合"。[50]

王云美（2012）认为："现代创新型企业的商业模式具体模块和具体表现形式与其所处的外部价值网络紧密相关。商业模式描述了一个企业如何与外部合作伙伴一起，通过生产产品或者服务，向目标顾客提供产品或者服务而实现其价值主张，并获得利润的整个过程。"商业模式构成要素为"目标客户及新的价值主张；实现价值创造所确立的价值系统——企业的内部价值网络和企业外部的价值传输网络；参与技术创新的利益相关者的成本结构、获利方式及知识"。[28] 可见，商业模式的功能是实现客户价值，获取利润。核心要素主要是客户及价值主张、价值网络、收入模式等。

叶伟龙（2009）认为"商业模式的本质，就是创造和获取价值的逻辑"。"第三方物流企业的商业模式就是一个第三方物流企业在明确外部市场环境、内部物流资源和能力的前提下，通过内部资源能力和外部经营环境的匹配，来创造和获取价值的一种战略执行结构体系"。[51] 从该商业模式的定义，可知其功能是创造和获取价值，其"属"是"战略执行结构体系"，其结构要素是利用资源和能力开展创造与获取价值的活动。

付瑞雪（2009）认为"数字内容分发平台的商业模式是对平台与消费者和内容供应商之间的信息流和价值流组成的体系结构的逻辑流程的描述，包含创造和捕获价值两个基本功能"。[52] 从此定义可知，强调创造和捕获价值两个基本功能；核心要素是信息流与价值流组成的逻辑结构。

穆胜（2014）认为"互联网思维下的商业模式是在既定技术条件下，一个企业依靠'内部资源能力'和'外部合作生态'形成持续'价值创造'和'收益获取'的内在'系统逻辑'"。[53] 可见，价值创造与收益获取是商业模式的基本功能。定义的"属"是"系统逻辑"。核心要素是内部资源能力、外部合作生态所形成的逻辑关系。

李飞（2010）认为"商业模式是根据自身功能、所处环境和所处阶段，以恰当的方式和手段，通过创造和获取价值以满足客户需求，从而实现盈利目的的动态逻辑"。"商业模式的构成要素是价值主张、价值获取和盈利模式"。[54]

徐天舒（2014）将商业模式的概念定义为"以客户价值主张和企业持续性盈利为目标，通过要素选择和规则（包括政策、标准等）使用，来实现一系列跨边界交易活动的框架设计和行为选择"。"这些核心资源和能力有可能成为商业模式的基本构成要素"。[55] 其定义商业模式的功能是客户价值创造与企业持续性盈利。定义的"属"是"框架设计与行为选择"。

李杰（2011）认为"钢铁流通企业的商业模式是指钢铁流通企业以自身的资源、能力和知识为基础，充分利用价值网络，提出客户价值，并通过某些途径和方法为顾客创造价值，并最终实现企业价值的一套商业逻辑体系和过程。钢铁流通企业的商业模式包含提出价值、创造价值和实现价值三个部分"。[56]

以实现企业价值和客户价值为主旨的部分文献统计分析表见表2-4。

表2-4　　　**以实现企业价值和客户价值为主旨的部分文献统计分析表**

作者及文献	商业模式目的或功能	核心要素	定义类型	备注
李东《商业模式构建：互联网+时代的顶层布局路线图》	创造顾客价值与获取企业价值	顾客价值主张、顾客问题解决方案、盈利来源、内部运营系统、外部合作网络	"属"为"有关活动的方式"	专著
罗倩《基于情境功能的商业模式分类与效能测评研究》	价值创造与价值获取	价值主张、价值网络、核心资源、收入组合	"属"为"结构关系"	博士论文
龚丽敏《新兴经济背景下商业模式对企业成长的影响——中国制造企业的证据》	价值创造和价值获取	价值主张、价值创造、价值系统整合	"属"为"描述"。"描述"可以理解为"关系"	博士论文
王云美《创新型企业商业模式研究》	实现顾客价值主张，并获得利润	目标客户、价值主张、价值网络、成本结构、获利方式、知识	"属"为"整个过程"	博士论文
叶伟龙《基于细分市场的第三方物流企业商业模式研究》	创造和获取价值	利用资源和能力开展创造与获取价值的活动	"属"为"战略执行结构体系"	博士论文
付瑞雪《数字内容分发平台与商业模式的研究》	创造和捕获价值	信息流与价值流组成的逻辑结构	"属"为"描述"。"描述"可以理解为"关系"	博士论文
穆胜著《叠加体验：用互联网思维设计商业模式》	价值创造和收益获取	内部资源能力、外部合作生态所形成的逻辑关系	"属"为"系统逻辑"	专著

续表

作者及文献	商业模式目的或功能	核心要素	定义类型	备注
李飞《企业成长路径与商业模式的动态演进研究》	满足客户需求，从而实现盈利目的	价值主张、价值获取、盈利模式	"属"为"动态逻辑"	博士论文
徐天舒《基于容量测评的商业模式效能评估方法与应用研究》	客户价值创造与企业持续性盈利	要素选择和规则（包括政策、标准等）使用	"属"是"框架设计与行为选择"	博士论文
李杰《中国钢铁流通企业商业模式的研究》	为顾客创造价值，并最终实现企业价值	提出价值、创造价值、实现价值	"属"为"商业逻辑体系和过程"	博士论文
共同点	创造顾客价值与获取企业价值	价值主张、价值网络、价值获取	逻辑关系	

分析表 2-4 中商业模式的核心要素，价值主张有 6 次（包括顾客价值主张及提出价值），价值网络为 6 次（包括间接表达的 4 次：外部合作网络；价值系统整合，价值流逻辑结构；外部合作生态），价值获取 5 次（包括实现价值、获取价值以及间接表达：收入组合；获利方式）。总结以上统计情况，从关注客户价值与实现企业价值两个维度看，更加注重价值网络的效应，所以，可以据此来理解商业模式。商业模式就是明确价值主张，整合内外资源能力构建价值网络，在实现客户价值的同时，促进企业价值最大化。

（4）突出企业及利益相关者价值

魏炜、朱武祥（2015）认为"商业模式是焦点企业与其利益相关者的交易结构"。在新经济时代，商业模式应放在更加广阔的视角进行分析，即商业生态的视域。所谓商业生态就是"焦点企业的共生体及其竞争对手（包括同产品和替代产品）、合作伙伴、上下游等利益相关者的共生体的总和"。企业"不应该只关注'利益相关者'，还要关注你的

'利益相关者'的'利益相关者'。所有这些利益相关者及其交易结构的总和，就是企业身处其中的商业世界，是其赖以生存的'商业模式共生体'"。商业模式的六个要素是"定位、业务系统、盈利模式、关键资源能力、现金流结构及企业价值"。[57]

危正龙、宋正权（2014）认为"企业或商业组织以利益相关者需求和价值交易为原点，通过设计和搭建各利益相关者的交易结构，并制定与其匹配的利益分配和保护机制，构成一套实现整体商业效率和企业价值最大化的商业治理系统。""商业模式要素包括：价值机会、商业定位、交易对象、交易模式、盈利模式与企业价值"。该定义明确了以企业及利益相关者的需求为起点而构建商业治理系统。[58]

胡世良（2013）认为"移动互联网商业模式就是为了提升平台价值、聚集客户，针对其目标市场进行准确的价值定位，以平台为载体，有效整合企业内外部各种资源，建立起产业链各方共同参与、共同进行价值创新的生态系统，形成一个完整的、高效的、具有独特核心竞争力的运行系统，并通过不断满足客户需求、提升客户价值和建立多元化的收入模式使企业达到持续盈利的目标"。该定义强调移动互联网的平台模式是企业与其利益相关者共同创造的价值创新的生态系统。"移动互联网商业模式模型七个要素：战略定位、价值定位和需求创新、最好的产品、生态系统、社会化营销、开放平台与盈利模式"。[59]

王生金（2014）认为"商业模式是焦点企业与利益相关者之间的一种商业价值逻辑，这种价值逻辑不仅包括了如何为顾客创造价值、企业如何获利，也包括了商业价值如何在利益相关者之间进行传播与价值分配问题"。[60]为顾客创造价值是起点，企业获利是商业模式的主要功能，但是，有些企业，如平台企业不生产具体产品，但是通过交易结构的特殊设置，使得价值在不同角色之间有效率地传播与分配，从而使得商业模式获得成功。此平台企业商业模式的核心要素是交易对象、交易内容、交易主体、交易方式等。

彭苏勉（2012）认为"软件企业商业模式是由一系列价值创造活动构成的价值创造系统，以创造由客户价值、企业价值和伙伴价值组成的系统整体价值为目标，并描述客户、软件企业和其伙伴等参与者的价值创造活动以及它们在价值网络中的角色和相互关系"。"从关键要素和支持性要素两个方面研究软件企业的商业模式要素，其中关键要素有产品主张、客户群体、收入逻辑和核心能力；支持性要素包括分销渠道、客户关系、合作伙伴网络和交付方式等"。[61]该定义明确指出商业模式是"以创造由客户价值、企业价值和伙伴价值组成的系统整体价值为目标"。

王晓明（2009）认为"商业模式就是在特定的环境下，以满足用户需求为前提，以企业及其相关利益者的价值创造和价值获取（实现）为目标，围绕企业的商业活动（业务活动）而进行的一系列整体性、结构性、功能性的设计、安排或选择"。王晓明在分析商业模式的功能属性时指出："一个成功的商业模式之所以能够充分发挥功能，就在于拥有一套能被利益相关者所认同的价值规范和标准，促使利益各方实现共赢。"他在分析商业模式结构属性时指出："商业模式结构的核心问题在于以核心企业为核心和焦点的内外能诱发各种交互作用的网络关系及其构造。商业模式结构实现了从内部结构的合理性向外部协调的互动性转变。"[62]可见，他对商业模式结构属性的分析注重要素之间的关系。

以实现企业及其利益相关者价值为主旨的部分文献统计分析表见表 2-5。

通过分析表 2-5，可以看到定位为 5 次（包括商业定位、战略定位与价值定位、交易对象、产品主张），商业生态为 4 次（包括业务系统、生态系统、合作伙伴网络、内外协调互动关系），盈利模式为 4 次（包括支付方式）。可见，从实现顾客、企业及其利益相关者的利益视角来看商业模式，可以认为商业模式就是整合企业内外资源，发挥商业生态价值网络效应，构建顾客、焦点企业与利益相关者利益平衡机制，以期该商业模式有竞争力、可盈利地持续发展。

2.1.5 研究结论

从上面的分析可以看出，随着互联网经济不断发展，商业模式的内涵不断丰富，外延也不断扩大，跨界融合创新是"互联网+"时代的特

表 2-5　　以实现企业及其利益相关者价值为主旨的部分文献统计分析表

作者及文献	商业模式目的或功能	核心要素	定义类型	备注
魏炜、朱武祥、林桂平《商业模式的经济解释(2)》	商业生态的价值	定位、业务系统、盈利模式、关键资源能力、现金流结构、企业价值	"属"为"交易结构"	专著
危正龙、宋正权《商业模式突围》	以利益相关者需求和价值交易为目的	价值机会、商业定位、交易对象、交易模式、盈利模式与企业价值	"属"为"商业治理系统"	专著
胡世良《移动互联网商业模式创新与变革》	企业与其利益相关者共同创造价值	战略定位、价值定位与需求创新、最好的产品、生态系统、社会化营销、开放平台与盈利模式	"属"为"生态系统"	专著
王生金《平台企业商业模式分类与演进研究——以网络平台企业为主要研究对象》	为顾客创造价值、企业获利，也包括了商业价值如何在利益相关者之间进行传播与价值分配	交易对象、交易内容、交易主体、交易方式等	"属"为"商业价值逻辑"	博士论文
彭苏勉《基于价值网的软件企业商业模式创新研究》	以创造由客户价值、企业价值和伙伴价值组成的系统整体价值为目标	关键要素有：产品主张、客户群体、收入逻辑和核心能力。支持性要素包括：分销渠道、客户关系、合作伙伴网络和交付方式等	"属"为"价值创造系统"	博士论文
王晓明《基于价值共赢的电信商业模式研究》	促使利益各方实现共赢	从内部结构的合理性向外部协调的互动性转变	"属"为"系统关系"	博士论文
共同点	企业及其利益相关者的利益	定位、商业生态、盈利模式	商业生态系统	

点，商业模式更多要考虑企业与利益相关者的综合利益，平衡他们之间的利益是商业模式可持续发展的基础，也是商业模式设计与重构的起点。从这个意义上讲，商业模式的结构属性也越来越依赖要素之间的关系，构建新商业模式生态与其价值关系是其真正核心的要素。

总结以上四个层次的分析，商业模式的内涵应以明确其功能属性为先，然后再去分析其结构属性，从关注客户利益到关注所有参与主体的利益，其核心要素不断增加，复杂性也不断增强，要素的地位也随着商业模式在商业生态中的生态位而有所不同，构建新型的关系显得更加重要。

当今市场化程度不断加深。产业分工越来越专业化，也更加精致。提供给客户的产品或者服务，也只是价值网络的一部分，或者是商业生态的一个节点。原来的价值链被价值网所取代，传统"顾客"的内涵在更大的范围内被拓展，有时企业与顾客之间相互转换，相互提供服务，众多企业之间形成了纵横交错的关系，形成了虚拟的价值网。商业模式是整体商业系统的一部分，需要系统思考利益主体的角色，充分利用资源，进行最优化配置，从而达到实现各个利益主体价值的目的。可见，传统的连续的线性价值链被非连续的非线性的价值网络取代，利益相关者在价值网络中共同完成价值的发现、价值的生成、价值的传递与价值的分配。所以，在商业生态新的视角下，在商业模式范畴内，包括直接客户在内的所有利益相关者创造出来的价值总和就成为某一公司可能获得的最大价值。[63]

2.2 商业模式是价值创造的艺术

2.2.1 引言

"这是一个最好的时代，也是一个最坏的时代"。这是狄更斯的名言，用于当下的商界尤为妥帖。面对互联网时代，机遇与挑战并存，成功与失败同在。昨日风生水起的盈利模式，而今，无可奈何花落去。产品竞争让位给商业模式竞争，价值链被价值网取代，竞争被竞合取代，你方唱罢我登场，新产品、新服务、新模式、新业态不断涌现。新商业模式在互联网技术的助推下日新月异，如雨后春笋，节节攀升。特别是2000年之后，研究商业模式的文献成倍增加，那么，到底什么是商业模式？商业模式到底有什么用？如何创新商业模式？这不仅是学者的研究热点，更是企业家的兴趣点，因为，这关系到企业的兴衰荣辱。

2.2.2　商业模式是什么？

一般意义上讲，商业模式就是人们从事商业活动时所采用的方式与方法的总称。至今，研究商业模式的论文超过万篇，给商业模式下的定义不下百种，但遗憾的是，定义至今尚未统一，依然处于百家争鸣的状况。何也？首先，人们对商业的理解就不一致。一般意义上的商业就是从事买卖业务的，简单地说，就是做生意、做买卖。不过，随着经济社会的发展，商业的范畴不断扩大，与买卖有关的服务业、工业生产中的服务业，甚至借助互联网产生的买卖活动，统统都称为商业。于是，线上线下，生产生活几乎无商不在。或许正因为商业无处不在，进而对何为商业模式却思之甚少。其实，中国古籍早有记载："日中为市，致天下之民，聚天下之货，交易而退，各得其所。"这是指古代物物交换的集市方式，可以理解为一种商业模式。实际上，只要人类有了剩余产品，交换就会发生，商贸活动就会存在。当畜牧业从农业中分离出来以后，交易活动就更加频繁了。随着手工作坊及手工业的发展，店铺随之出现，城镇也就应运而生，于是商贸活动日益繁盛，生产、销售、运输、收支等活动自然而然地就不断发展，这样商业模式的内涵也就随着经济社会的发展而不断丰富。但是，"商业模式"作为一个专门的名词，作为一个专门的理论研究课题引起人们的研究兴趣却很迟。据考证，"商业模式"作为文章正文的内容最早出现在20世纪60年代。当然，在中国语言环境下，没有专门使用"商业模式"，但也有此方面的论述，据《史记·货殖列传》记载，范蠡曾拜计然为师，学习《贵流通》《尚平均》等七策，这些是中国古代最早的商业理论，其中的策略可以理解为关于商业模式的论述。在西方，福特汽车流水线作业模式的变革，可以说是产业层面商业模式的巨大变革，后来商业领域的连锁店、大卖场等销售模式的出现，是经营运作方式的创新。特别是进入信息时代后，人们越发认识到技术革新不是取胜的唯一通途，苹果的成功是技术创新与商业模式创新的完美结合，乔布斯不是技术的权威，而是商业运作的高手。马云电商帝国的缔造，不是源于其技术优势，而是商业的睿智。尤其在信息技术与互联网技术的快速推进下，知识扩散快速推进，信息不对称得到空前缓解，于是，理论界惊呼这是一个"不确定""非连续"发展的时代，是最好的时代，也是最坏的时代，过去靠垄断获利，或靠单一技术或经营模式取胜的套路，今天遭到颠覆性破坏。银行不改变，我们来改变银行。过去对互联网金融"又恨又怕"的银行，今日也伸出橄榄枝，主动与互联网金融联姻。过去，在零售业雄踞霸主地位的沃尔玛，也不免遭遇关闭店面的尴尬，也不得不走新零售之路，主动寻求线上线下突围创新。

综上可见，商业模式是个时代的概念，在不同历史时期，在不同地域，在不同行业具有不同的内涵。通常引用比较多的是，"商业模式就是一个企业创造价值的逻辑"。从经济学角度看，多着眼于收益与成本的差额，强调为客户及利益相关者创造价值。例如 Amit & Zott（2001）认为"商业模式是企业创新的焦点和企业为自己、供应商、合作伙伴及客户创造价值的决定性来源"。[64] Chesbrough（2003）指出，在价值创造与价值获取方面，商业模式的焦点在于"价值创造"。[65] 魏炜和朱武祥（2009）提出："商业模式本质上就是利益相关者的交易结构。"这是从整体架构上理解商业模式的，但是，交易什么呢？显然是价值，能否在既定资源情况下最大化产生价值则是关键，然后才能谈到价值交换问题。可见，商业模式的生命力是价值创造。

2.2.3　为什么说"商业模式就是价值创造的艺术"？

管理是科学与艺术的结合；同样，商业模式也是科学与艺术的结合。它既存在基本客观规律，也有一套科学方法论，并可以被实践检验。商业模式的艺术性体现其实践性和创新性，更多的则是其创新性。同样的事物，其科学性与艺术性之间是辩证统一的，因为不同的人在不同的时间与不同的地点处理管理问题存在很大变数。例如，有人说，会计可以说是一门技术，对高端会计人而言，是一门艺术，对少数会计精英而言，是一门魔术。那么，我们为什么要强调"商业模式就是价值创造的艺术"呢？我们不妨以连锁经营这个商业模式为例，总体来看，其商业模式是一样的，甚至连操作流程乃至细节都一模一样，但是，有的经营取得成功，有的经营却失败了。再举个例子，有的企业到标杆企业去学习人家的商业模式，对方很慷慨，把商业模式当初的构思、运作细节及注意事项和盘托出，甚至还派专家指导，但是，未必能取得理想的结果。这是因为，有些柔性的东西是不可复制的，是难以模仿的。特别是多年经营积淀的文化、企业精神等隐性的东西不是短期可以学习掌握的。此外，从企业自身拥有的商业模式来看，也要不断创新，不断去探究价值创造的途径，否则，总有风光不再的时候，所以说，商业模式的本质就是创新。为此，企业要有危机意识，必须随时审视自己既有的商业模式，密切关注行业动态，主动比较，去发现弱点，并进行适时调整，这样才能使企业立于不败之地。[66] 麦肯锡公司管理咨询顾问 Eric Beinhocker & Sarah Kaplan（2003）强调商业模式的综合性、直觉和创造精神。他们指出，没有一种战略规划保证出现灵光一闪的天才创意，但是，至少可以试着提高天才创意出现的概率。[67] 从这个意义上讲，追求"商业模式价值创造的艺术性"具有前瞻性与战略意义。

从经济租金的角度看，保持商业模式价值创造的艺术性也是企业家的理性选择。经济租金就是经济学中的"超额利润"。从本质上讲，企业经营就是经济租金的创造与分配，就像多数研究者对商业模式内涵的概括那样，商业模式就是价值的创造与实现。企业通过垄断获取的租金称为垄断租金，通过异质性资源获取的租金称为李嘉图租金，而依靠企业动态创新获取的租金称为熊彼特租金。这三者中最可靠、最稳定的是依靠创新获取的租金，因为，垄断不是市场经济的常态，也不是资源优化配置的常态，不论是制度层面，还是市场充分竞争层面，垄断地位的保持都是靠不住的；同样，通过异质性资源获取的租金也是不牢靠的，因为异质性的资源不可长久。如果是有形的资源，别人最容易模仿；如果是不可再生的资源，更不可能依靠政府政策来获得长久保护；如果是无形的资源，特别是隐性知识，或许可以保持竞争优势。但是，这些资源恰恰是企业长期追求动态创新的结果，所以，只有第三种熊彼特租金才是企业最为明智的选择，是企业保持基业长青的法宝，所以说，商业模式价值创造的艺术性是最具有生命力的。

2.2.4 如何提高商业模式价值创造的艺术呢？

1. 讲好商业模式的故事

Magretta（2002）将商业模式定义为"一个企业对如何通过创造价值，为客户、为维持企业正常运转的所有参与者服务的一系列设想"。"一个商业模式等于是讲述一个好的故事，它可以被用来让组织每个成员与企业想创造的某种价值观结合在一起"。[68] "出色的战略就是令人情不自禁地想与别人谈论的有趣故事。能够看到出色战略犹如动画般的影像，战略的组成部分环环相扣，作为整体朝着目标移动，整体'内在变化'与'流动'会栩栩如生地映入眼帘，这就是'有故事'的战略。"[69] 可见，讲好故事就是艺术，要环环相扣，引人入胜，好故事可以调动客户及利益相关者的兴趣，利益相关者乐意投资，顾客高兴买单。事实上，商业模式都是一些故事，要讲好这些故事，就是要说明企业如何运作，说明谁是你的顾客，顾客的痛点是什么，我们如何解决顾客的痛点，就是要告诉大家我们在这项业务中如何赚钱，其潜在的商业逻辑是什么。

2. 把控价值创造关键点

商业模式价值创造是一个持续创新的过程，需要洞察商业模式运作环节中可能的潜在价值，或者进行整合与重构，或者进行流程再造，甚至是颠覆性创新。这些都是商业模式价值创造创新的可能途径。简单地说，就是寻求商业模式各个环节差异化竞争优势的组合。我们都知道苹果的创新不仅仅是技术创新，更是集成式的创新，是 iPod 音乐播放器+多重触摸技术+吸引人的操作方式+数十万计的 App 程序+手机，这些特色与性能给消费者带来了全新的体验，竞争对手无法复制，无法在整体上达到这样的集成化水平，这是苹果公司商业模式生态化所体现的可持续竞争力，是制胜的关键。特别是在"互联网+"时代，更要有融合、跨界的互联网思维，这种见解与境界是发挥商业模式价值创新的前提，正像麦当劳的总裁克罗克回答哈佛商学院学生的问题一样深刻且耐人寻味。克罗克问学生："同学们，我是做什么的？"大家冲他笑着说："你不就是做快餐的吗？""错了，我是做房地产的。"麦当劳首先在考察后将一个店铺租下来，租期 20 年，跟房东谈好了 20 年租金不变，然后吸引加盟商，把这个店铺再租给加盟商，并向每个加盟商加收 20% 的租金，以后根据这个地产升值的情况，进行相应的递增，所以，克罗克认为他赚的是地产的钱。[70]

3. 培育持续创新的文化

商业模式是一个模式，是一个样式，比较容易被别人模仿，要想保持其长久的生命力，必须不断进行创新，唯一不变的就是变，这样商业模式价值创造才会立于不败之地。如何保持基业长青呢？只有以客户利益为原发驱动力，努力平衡利益相关者的利益，保持生态平衡，这样商业模式的价值创新才会有源头活水。小米手机的商业模式是挖掘客户资源的经典例子，小米手机成功的三大因素是什么？第一是参与感；第二是参与感；第三还是参与感。在小米内部，有三个词也是经常被提及的，可以看成是参与感的延伸：一是温度感；二是直接可感知；三是痛点思维。可见，一款产品的成功往往来源于对用户真实需求和场景的深刻理解。经济学家张维迎说："企业创新说到底就是对人性的理解。乔布斯做任何一个东西，都要问自己，如果我是客户，我会对这个东西满意吗？什么是对我最方便的？"正是这种思考，从满足客户人性需求的角度出发，才成就了苹果电子产品风靡全球的格局。[71]

2.3 商业模式成型与演化路径研究

2.3.1 关于商业模式的内涵

企业之间的竞争是商业模式的竞争，甚至是相关企业之间商业模式组合集群的竞争，尤其在互联网时代，价值链已经让位于价值网络之间的竞争。企业家将商业机会逻辑化，最终演变为有竞争力的商业模式。商业模式出现在 20 世纪 50 年代，但直到 20 世纪 90 年代才开始真正引起人们的关注，并得到广泛传播和使用。通俗地讲，商业模式就是公司的赚钱方法。对商业模式的理解，可以着眼于行业，也可以聚焦于一个企业。不过，对个别企业商业模式的研究或许更会引起企业家的关注。商业模式内涵是随着生产力的发展而不断变化的，包含了一系列要素及其关系的概念性工具，阐明特定实体的商业逻辑。有的着眼于商业模式系统的各种资源，如资金、人力资源、作业方式、品牌和知识产权、企业所处的环境、创新力等。商业模式由客户价值、资源和生产过程、盈利方式构成了三维立体模式。"客户价值"可以解释为向客户提供什么。"资源和生产过程"可以理解为如何提供客户价值。"盈利方式"可以理解为利益相关者价值的实现方式。判断一个商业模式成功与否，主要看其是否为客户提供了独特价值、是否是竞争对手难以模仿的、是否是可持续发展的。[72]

无论是初创企业还是成熟企业，商业模式都是企业成功的根本。商业模式描述了一个相互依赖的价值创造活动系统与连接机制，但是，追求可持续竞争优势很可能需要从商业模式开始。而当前，商业模式研究多关注"结果"导向，即聚焦于成型或成熟的商业模式，而对其形成过程的关注则显得相对不足，其实这个方面的研究更具有实战价值，即研究如何将新技术、新思想转化为价值，进而创造组织绩效。这个思路是更多地注重时间维度方面商业模式的演化。一个商业模式，从创意到模式成型，需要经过若干次试错的过程。商业模式的成型过程会受到外在环境与内在因素的影响，在理论上存在无数种演化路径，可能是成功的、平庸的、糟糕的、中途夭折的等，因此，对新商业模式的成型过程与动态测评进行研究，将有助于人们在探索与创新中获取一个竞争力强的商业模式。

2.3.2　商业模式成型的标志

商业模式成型可以理解为是一个过程，也可以理解为结果，或者阶段性结果，可见，商业模式成型是过程与结果的交替统一，这也是不少学者的基本看法。李东等（2010）提出了商业模式容器模型，认为商业模式蓝图成型阶段与规则成型阶段是商业模式成型的两阶段，成型发端于对特定问题所形成的解决方案，而各板块蓝图层面的成型，起始于经营决策人员对特定问题针对性方案的设计。在现实中，任何一种新的外部市场机会、政策法律调整、经济文化等因素的变化，以及企业内部的改变，诸如产品研发、技术创新等，均会成为新商业模式成型的驱动因素。蓝图方案成型的基本推动力量是企业管理层的智慧和经验。商业模式规则层面的成型从总体上讲有三类途径：第一类，转换。企业直接套用某个已经存在的规则。第二类，借势。这是一种间接推动规则成型的典型方式，是指通过影响管制部门，形成于己有利的规则。第三类，创造。企业依靠自身的力量，导入新的信念或改变消费行为，形成新的商业模式。[73] 也有学者认为，商业模式成型的机理，就像一个加工厂，有输入、加工与输出，这个过程的中间环节是非常关键的，是资源与能力的整合，是形成核心竞争力的主要节点。输入变量值可以是人、财、物，这些量的变化，如人才、技术、融资量等背景要素的改变，也可推断商业模式的质量，或者说是高效能商业模式形成的基础。而输出变量值，如市场份额、市值、企业利润、用户数的变化，被据以判断商业模式是否有成效，至少是在一段时间内判断是否有效的一个重要标准。不过，商业模式成型需要过程和时间。一个新商业模式的成型基本需要经历三个阶段：一是识别目标顾客；二是描绘有利可图的工作模式；三是学习调整、执行与演化蓝图模式。商业模式的生命周期大致包括酝酿阶段、实验学习阶段、培育阶段与复制创新阶段。李永发（2015）以奇虎360科技有限公司为例，对其商业模式成型的三个阶段进行了纵向的案例研究。研究认为，商业模式成型是一个复杂过程，在不同路径下，会形成不同的商业模式，在商业模式成型的不同阶段，其任务应有所不同，商业模式成型标志的主导逻辑在于：识别顾客需求并定义顾客价值；设计盈利模式获取企业价值。两种价值的实现依赖于可重复的标准活动系统，就是成型的商业模式。[74]

2.3.3 商业模式演化的动因

变是绝对的，不变是相对的。同样，商业模式的演化与创新是企业赢得核心竞争力、谋求可持续发展的永恒主题。外因与内因的不断交替变化，是商业模式演化的基本原因。商业模式演化的动力可以划分为 5 个方面：一是技术推动；二是市场需求的拉动；三是竞争的逼迫；四是企业家推动；五是系统的观点。[75] 可见，商业模式演化的动因既有来自内部的，企业家追求利益的本质决定其会主动适应环境，促进商业模式的创新；又有来自外部的，正如马克思认为，出于对利润的追逐与外在竞争的压力，资本家对剩余价值的追求是无止境的。促进商业模式演化的因素当然也有来自内外综合作用的结果，如系统的观点。

徐蕾（2015）从设计驱动创新的角度来解析商业模式演化的动因，她选取国内有 40 多年成长历史的浙商企业万事利为研究对象，研究发现，该企业设计驱动创新的路径是递进的，即沿着流程—产品—功能—文化设计的形式演进。从时间维度看，该企业创业期的商业模式采用的是制造业传统商业模式，面料加工与自产自销，之后增加 OEM 业务。20 世纪 80 年代中期，万事利进入积累期，该时期的商业模式开始向价值链上下游进行拓展，万事利发展成为集染色、织布、印花、砂洗、服装为一体的企业，形成价值链拓展型的商业模式。进入发展期以后，拓展丝绸功能属性，成立丝绸礼品公司，设立销售部、采购部，成为产品功能设计创新的一大跨越。该阶段的商业模式的重心是延伸丝绸产业链，扩大产品涵盖面，注重全球化人力资源管理与管理团队建设，加大研发投入，构筑销售网络。成熟期以后，万事利实施文化设计创新，推出"丝绸生活"概念，成立"浙江丝绸文化研究会"，牵手众多文化遗产传承人和艺术院校，着手成立中国丝绸艺术研究所，建设强大的丝绸科技队伍及设计研发团队。在该阶段，万事利转型成文化创意企业，这种文化设计创新大大提升了企业竞争力。该阶段的商业模式转型升级为"传统产业+文化创意+高科技=新兴产业"的新路子，整合资源，开始了"从品牌出发，以文化落脚"的价值网络型创新商业模式。[76]

可见，企业商业模式的演化动因是企业战略与企业发展历程的综合反映，从传统模式到价值链拓展，到混合创新型模式，再到价值网络创新型模式的演化，其商业模式演绎的逻辑是设计驱动创新的变化的折射。

2.3.4　关于商业模式演化研究的述评

商业模式演化的内在动力一定是利益，不论是经济利益，还是社会利益，甚至是企业家兴趣使然，皆为利往。关于这个方面的研究比较多，有关于传统产业的，也有关于新兴互联网产业的，有侧重过程的，也有关注结果的。张鹏、王欣（2015）认为，无论是互联网产业，还是传统产业，都已经处于平台化过程之中，平台是一种新的组织形式存在于现实和虚拟空间的场所，它以促进双边和多边的客户完成交易为主要手段，以实现利益的最大化。当市场处于"自然"和"自发"组织状态时，资源配置机制依靠的是"看不见的手"，而平台的出现标志着市场发展进入到更为高级的阶段，以"显性市场"为存在方式。要素、利益和规则是市场属性的基础，也是市场理论的研究基石。同样，商业模式的演化也要以这三个方面为基础，任何阶段的商业模式的变化都会经历要素流交换、利益流交换和规则流交换这三大由低到高的阶段。作者依此思路来研究平台商业模式的演化过程。平台商业模式是指："在市场具化过程中，平台基于现代信息技术，通过要素流、信息流与规则流促使平台各参与方完成交易并进行控制的全过程，最终实现其利益最大化"。一个平台组织的发展状况需要观察是何种模式在平台组织中占据主导地位，并对其盈利的持续增长发挥着决定性作用。依此分为三个阶段：一是初级阶段的平台要素流商业模式。这是一种最基本的模式，也是一种普遍存在的模式。这种商业模式的发展，与商品本身包含的使用价值和价值紧密相关，同时也与市场供给双方的力量相关。在现实平台组织中，大型连锁超市对供货方实行"进场费"策略是此类平台商业模式的体现。互联网的电商领域也引入了要素流商业模式，例如，由京东挑起的与当当和苏宁之间的"电商混战"就是这种模式的变相和升级。二是中级阶段的平台信息流商业模式。信息流商业模式一般是基于互联网技术的电商，从本质上分析，电商就是信息流平台商业模式的一种成功应用。三是高级阶段的平台规则流商业模式。以规则流交换作为其平台基本盈利的一种模式，这也是平台商业模式的最高阶段，从根本上改变了人们的社交规则。平台在市场具化过程中通过要素流、信息流与规则流促使平台各参与方完成交易，实现最终盈利的全过程。未来平台商业模式的演化，基础是要素流商业模式，主导是信息流商业模式，目标是规则流商业模式，这是三者发展和演化的轨迹。[77]

夏清华、娄汇阳（2014）从组织结构对商业模式演化的影响的视角，指出商业模式存在演化的刚性，由于商业模式具有系统性，致使其具有维持现有结构稳定的惯性。他们将商业模式刚性分为主观刚性和客观刚性两个维度，通过跨案例分析，构建了一个商业模式刚性的演化模型，该模型表明，商业模式刚性会增强或者减弱原有的商业模式的竞争力，某一维度的减弱可能同时伴随着其他维度的增强。商业模式刚性是商业模式创新的"副产品"，他们分析了组织认知、结构、资源等系统要素对企业商业模式的影响，揭示了商业模式创新的动态性和复杂性，对管理者如何实现商业模式创新，如何共赢、动态平衡，以及调和多种商业模式之间的矛盾具有借鉴意义。[78]

龚丽敏、江诗松（2012）认为，集群龙头企业是产业集群成长的重要推手，是主要的引擎，也是产业发展的中流砥柱，其驱动力之一是成长。商业模式这一新兴概念对集群龙头企业成长的解释力也日益明显。通过对温州低压电器龙头企业正泰集团 25 年成长过程的纵向案例研究，发现集群龙头企业在起步、调整和扩张的不同阶段，价值主张、价值创造和价值系统整合三个维度都发生了显著变化，且与集群发展情况相适应。[79]

荆浩（2014）在分析大数据时代的商业模式时，从营运、经济与战略等方面来剖析它们分别创造的低成本优势、经济价值与差异化的效能，不过，这三个方面显然有交集，严格来讲，这样的分类还是不够科学。展望未来，企业利用大数据转变商业模式、提升竞争优势是企业实现大数据综合价值的必然选择。不过，大数据目前还是新兴领域，系统性不够。未来基于大数据背景下的商业模式演化的研究，可能会围绕商业模式原理的设计与其对企业绩效影响的实证研究等方面展开。[80]

曾楚宏等（2008）以价值链理论为基础，提出了衡量商业模式特征的三个维度变量，并以此为标准，将现有的商业模式分为四种类型：聚焦型商业模式、协调型商业模式、核心型商业模式与一体化型商业模式。具体企业采用的商业模式类型不是一成不变的，会表现出规律性的演化趋势。具体来说，在产业初创阶段，以聚焦型为主；进入产业成长期，逐渐演化为一体化型商业模式；成熟期阶段，企业主要采用协调型商业模式；产业的衰退期，则转而采用核心型商业模式。这种对企业不同生命周期的分类分析具有一定借鉴价值，不过，不同企业不同的生命周期采取商业模式演化规律，显得有些不合逻辑，既然不同企业不同时期的商业模式会不同，那么，同一家企业的商业模式的演化规律不会太雷同，因为，企业有规模与性质的不同，采取的商业模式有利于公司的发展，有利于赢得核心竞争力才是硬道理。[81]

2.3.5　关于商业模式演化的成效评测研究简述

商业模式成型与演化的成效如何，需要对其效能进行评测，这是商业模式研究方面的一个热点，也是一个难点。罗小鹏、刘莉（2012）对腾讯公司生命周期三个阶段的商业模式演变进行了研究。研究表明，腾讯在创业期、成长期和成熟期的商业模式具有独特的演变路径和鲜明的特征，其成功经验为我国互联网企业提供了借鉴。2010年年底，腾讯实施开放平台战略，以100亿元的产业基金投资互联网企业，实现用户、公司和伙伴的"三赢"。在具体分析生命周期的三个阶段时，作者运用蛛网模型从价值内容、目标顾客、网络形态、成本管理、收入模式、隔绝机制、伙伴关系与业务定位等八个方面进行定量分析，给出有说服力的结论。商业模式创新是决定企业绩效的重要举措，具有战略管理意义，需要整合各种创新要素并使之相互协同，才能取得良好效果。腾讯的实践表明，商业模式创新的基本目的是保持持续的竞争优势。整合资源力是赢得商业模式创新的重要手段，这就要求企业家具有良好的商业模式设计能力，整合有价值的资源、构建独特的商业模式、降低成本并构筑防御壁垒等，这是获取商业模式创新绩效的关键。企业应根据产业演变趋势及生命周期不同阶段进行创新，构建适合自身发展的新商业模式，推动商业模式的不断演变。贴近用户并黏住用户，快速放大用户的"规模效应"以实现用户价值，是互联网企业商业模式创新的重要经验。[82]

黄玲玲等（2012）从商业模式的九个方面，即价值主张（Value

Proposition）、客户细分（Customer Segments）、客户关系（Customer Relationships）、核心资源（Core Resources）、关键业务（Key Activities）、分配渠道（Distribution Channels）、重要合作（Key Partnerships）、收入来源（Revenue Streams）、成本结构（Cost Structure），选择中国证监会《上市公司行业分类指引》中的房地产开发与经营公司作为研究样本，经过筛选，采用了 88 家 A 股房地产上市公司的 2002—2010 年年度数据，用统计软件进行统计分析，得出如下结论：在政府政策调控下，房地产公司的收入来源和成本结构产生了显著差异。2004—2009 年成本结构均发生了变化，特别是 2008 年之后随着宏观政策的调整，房地产公司的收入来源结构变化加速。这些统计分析的结果将有助于当时的中国房地产公司进行相关商业模式调整。这个研究方法具有借鉴价值，依此方法，选取 2013—2015 年的相关数据也同样有助于目前的房地产公司进行商业模式的调整。[83]

2.4 商业模式效能评测研究

2.4.1 引言

随着互联网技术的飞速发展与经济全球化进程的加快，商业模式创新已经成为人们最为关注的问题之一。人们已经形成共识，好的商业模式是企业成功的保障。企业成功的重要表现就是对可持续盈利的追求，或者说好的商业模式是为企业建立一个可持续的竞争优势，以获取超越常规的利润。但是，如何评判商业模式的好坏呢？这方面的研究相对欠缺，有的学者从宏观角度评估商业模式的效能，但缺乏可操作性，有的从某个企业入手又显得缺乏通用性；有的侧重事前评估，有的侧重事后评估；有的定性方法用得多，有的定量方法用得多，系统性与逻辑性均显不足。本文基于微观和宏观两个层面来构建商业模式效能理论模型，具有系统性与逻辑性，可以弥补以前研究之不足，可以为商业模式效能的测评提供一个新的思路，进而为改进商业模式提供一个可操作的对策。

2.4.2　文献回顾

目前，随着网络经济的兴起，商业模式创新的研究已经从价值链研究向价值网络和商业生态系统的研究转变。[84] 皮尼尔和奥斯瓦尔德认为"商业模式描述了企业如何创造价值、传递价值和获取价值的基本原理"。[85] 总体而言，对商业模式的识别，人们已经取得的共识是：商业模式是一种可以带来价值创造和价值获取的逻辑机制。商业模式研究的重心逐渐从关注利润转向关注价值，从关注收入盈利结构转向关注价值网络。[86] 过去 30 年，战略是竞争优势的主要模块，然而将来企业很可能从商业模式开始追求可持续竞争优势。任意两种不同的商业模式必然存在功能差异，而即使同样的商业模式，其效能（Effectiveness）的实现也会受到时间、空间和情境的限制。关于什么是商业模式效能，给出定义的也不多，苏江华、李东（2014）认为"商业模式效能是指一个具体的商业模式在实现其特定功能也就是产生特定情境效应方面所具有的效率，或者说发挥其特有作用的程度"。[87] 由于功能取决于结构，因此，商业模式效能即功能水平的状况也受到具体商业模式结构状况的影响。根据商业模式构成的容器模型，商业模式是由 4 个功能板块所组成的规则系统，将这种由全部利益相关者关于企业运营以及彼此之间预见性的总和，称为战略实施情境。它取决于商业模式的结构特征，并对战略的形成以及实施效率产生影响。

苏江华、李东（2014）发表了《基于规则分析的商业模式效能测评及其应用》，他们认为，目前对商业模式的测评还存在问题，主要是：首先，这些评估的结论过于模糊。其次，这些评估缺乏必要的理论基础。他们认为商业模式效能受到具体商业模式结构状况的影响：一是构成商业模式容器的各个功能板块的合理性状况；二是构成商业模式容器的各个功能板块的强度状况。综上所述，商业模式效能由商业模式各功能板块面积和各功能板块强度这两类因素共同决定。[87]

李东博士研究团队提出的商业模式容器模型多次在有关文献中被引用，具有开创性，也为商业模式效能的评估提供了一个非常好的理论基础，该模型博采众长，具有非常好的包容性，把商业模式的核心要素都包括进去了。在测评研究中，提出的 9 个假设也可见一斑。例如，包含客户价值定位、客户价值的实现、客户价值的获取、企业价值创造、价值链的实现、核心资源以及核心竞争力获取等，他们提出的价值主张、价值网络、核心资源以及收入组合的总体思路体现了价值定位、价值实现、价值获取的过程。体现商业模式效能是其核心要素及其关系的组合，也就是李东博士提出的规则关系。不过，既然是模型，尤其是数学模型，要体现数学的抽象思维性及高度的概括性。如果是结构模型，最好体现其逻辑关系，在此方面，李东博士研究团队有比较好的模型，例如，王翔、李东、张晓玲（2013）基于结构与情景视角提出新的模型。该模型的商业模式设计框架主要由构件层和系统层组成。第一层为构件层，反映设计要素。第二层为系统层，反映企业创造与获取价值的业务逻辑的基本性质，体现了"价值定位—价值创造—价值获取"的商业逻辑。[88] 如果从数学角度看，长方体容积的决定因素是三个量，即长、宽、高。容积的大小是由三个量的乘积决定的，每个面的面积大小又是由该面的边长乘积决定的，而将"容积模型"的面积理解成一块"地板"，其面积大小是由不同的"瓷砖"面积加总决定的，在说明方面，读者是容易理解的，不过，若理解为数学模型，在实际计算中，就略欠完美。

2.4.3　关于商业模式效能新模型的构建

1.基于微观视角的商业模式效能新模型

商业模式可以从三个维度来理解，分别为战略层面、经营系统与价值创造层面。同样，商业模式的效能也可以从三个方面来理解，具体商业模式在支撑特定的业务运营时，其功能实际发挥的水平或实现的程度，就是商业模式的效能。为了更直观且有效地说明商业模式效能的概念，我们不妨采用一个图形从微观角度来表示（如图 2-2 所示），其中 CVP 表示顾客价值主张（Customer Value Proposition）的实际效应，PM 表示盈利模式（Profit Model）的实际效应，OM 表示运营模式（Operation Model）的实际效应，而 CVP、PM 和 OM 合围起来的直角三角形就表示商业模式的效能。从图中可以看出，顾客价值主张和盈利模

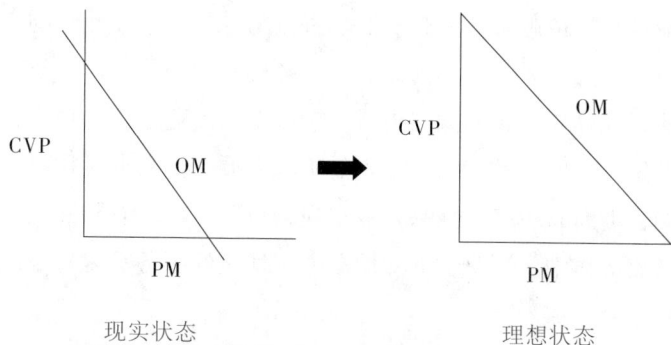

现实状态　　　　　　　　　　　理想状态

图 2-2　微观层面的商业模式效能解析图

式受到运营模式的约束，在实际中未充分发挥效力，而理想的商业模式，应该是三者都能充分发挥作用，不过，该模型只是一种理论层面的构想，还需要有进一步理论和实际数据的检验。

2.基于宏观视角的商业模式效能新模型

商业模式演化成型的过程，也就是其效能不断发挥的过程，目前关于此方面的研究主要有两种不同的观点，即自发生成观与理性创设观，其演化形成与社会制度的形成相对应，前者形成的动力之源是人类行为中对竞争与冲突理性选择的结果，而后者则认为社会制度是社会精英的智力成果，与寻常百姓无关，他们只是被动的接受者与无奈的适应者。[89]

事实上，有许多内外因素促进商业模式的不断演化。有的学者认为，有迫于环境压力自发适应的演化，也有企业高管内生性的运筹帷幄，其实两者兼而有之或许更为合适，高管只是相对地具有高阔的视野与累积的经验，这些不等于决策科学，更不等价于业绩良好。知识分散理论与有限理性的原理，解读着商业模式成型绝不是个别"经济人"的英雄主义。为此，关于商业模式演化成型的剖析，应考虑处于不同情景，例如，不同空间距离与时间远近，从内生与外生两个维度来解析，这样可能更有道理。

从外生性看，市场环境的改变往往会对商业模式的形成产生非常大的推动作用。例如，大数据时代带来的技术变革是颠覆性的，必将更新管理理念，改变消费者行为模式，促进业务流程再造，也必将使得商务管理决策越来越依赖于数据分析而非直觉与经验。诸如此类的变化也必将推进商业模式的变革，如阿里金融业务模式的创新，对传统银行业带来了挑战，近几年兴起的网络借贷，创新金融商业模式的变革，发展势头非常迅猛。今后，随着信息技术的不断发展，大数据时代将引发行业界限模糊，进而有更多的新兴行业出现，也必将伴随着新商业模式的出现，在商业运作中，即时的商业服务、个性化的服务、客户导向的定制服务必将成为主流。[90]

特别是电子商务的飞速发展，促进了企业商业模式的演进，促使其效能不断发挥，以信息技术和知识经济为基础的新经济追求差异化、个性化、网络化和高速度发展，从而直接改变了企业传统的价值创造方式和价值驱动因素。[91]

为了概括这些价值网络的因素，原磊（2008）提出商业模式的"3—4—8"模型，其中："3"代表联系界面，包括顾客价值、伙伴价值、企业价值；"4"代表构成单元，包括价值主张、价值网络、价值维护、价值实现；"8"代表组成因素，包括目标顾客、价值内容、网络形态、业务定位、伙伴关系、隔绝机制、收入模式、成本管理。商业模式的"3—4—8"构成体系实质上是一种从"远—中—近"三个层次对商业模式进行全面考察的立体架构。[92]

透过这些要素，我们发现，统领商业模式的红线是由利益牵动的，是核心界面要素形态的有意义组合（翁君突，2004）。有意义组合的要素之间构成的是"利益相关者的交易结构"（魏炜、朱武祥，2009）。这种结构可以在契约和制度的层面得到解释，其商业模式效能发挥可以用"企业经济租金"的大小来测度，并衡量一下企业所创造的总收益在支付了所有成员的参与约束条件后的剩余，在数量上，它实际等同于企业新创造的全部价值。

在相当长的历史阶段，大家认为企业的目标是追求股东利润的最大化，直到20世纪60年代以后，利益相关者理论受到重视，也为建立商业模式理论提供了重要的理论支撑。为此，随着网络经济的兴起，企业追求利益最大化要在网络价值的视角下争取最大化利益。

综上所述，影响商业模式效能发挥的是一个价值网络，这个宏观层面的架构，可以从三个层面来解析，即外部宏观环境、中观行业环境与微观企业环境。每个层面都有核心要素影响着商业模式效能的发挥，不妨把每个维度的各个因素的正反影响综合后形成"综合贡献矩"，并假设这些要素之间是相互独立的，或者即使发生关联作用，带来的贡献力矩增长也平均到各个因素上，这些不同"综合贡献矩"的加权代数和就构成四面体的边长，三个边长之积就是四面体的体积，这个体积可以衡量商业模式的效能。随着科学技术与管理水平的不断提高，一个企业的商业模式效能也将不断得以发挥，这个四面体的边长也会发生变化，这样商业模式的效能发挥也就有了动态的含义。V 表示商业模式效能大小，其值是由三维空间的三个"综合贡献矩"的乘积决定的。OA、OB、OC 分别表示宏观、中观与微观的"综合贡献矩"的大小。OA 的大小取决于顾客、政治、经济、文化、法律等要素对某企业商业模式效能贡献的加权代数和。OB 表示行业环境中技术与管理两个层面，由于商业模式的效能发挥要有超越对手的差异化竞争的表现，故用超越对手的有利表现作为"贡献矩"。OC 表示企业内部的要素及其组合的"贡献矩"，从硬要素与软要素方面来分析与界定。基于价值网络视角的商业模式效能模型如图 2-3 所示。

V 商业模式效能=OA×OB×OC

OA=L 顾客+L 政治+L 经济+L 文化+L 法律……

OB=L 超越对手的技术水平+L 超越对手的管理水平

OC=L 硬要素+L 软要素

三个维度中宏观、中观与微观的影响因子可以理解为无数个，不过在实证分析时，可以根据层次分析法等管理学方法来界定不同因子的影响权重，在评估不同因子的"综合贡献矩"时，可以采取计量经济学等处理手段，选取替代变量，例如，顾客层面可以用顾客满意度，或者市场相对占有率等变量来进行计算。当然，该模型的主要意义是给企业或企业家以启示，提高企业商业模式效能要有系统的思路，要先从价值生态、价值网络的视角来看待商业模式效能的提升路径，既要关注自身核心资源及其关系规则的组合效应，更要看到超越对手的相对效应，既要有行业的角度，也要有宏观环境的视域。行业视角可以从硬技术与软技

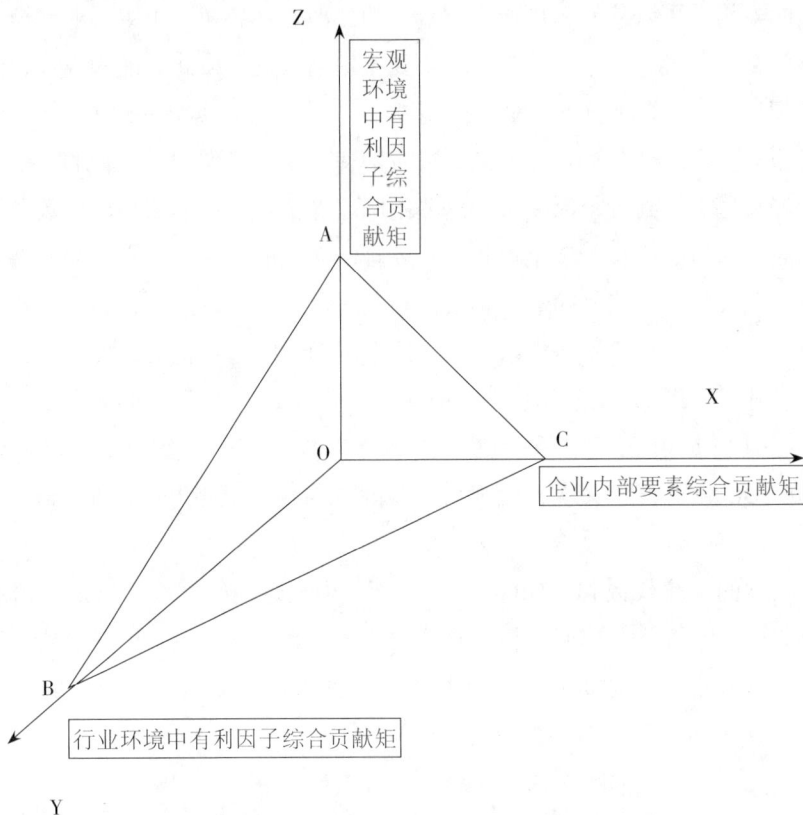

图 2-3　基于价值网络视角的商业模式效能模型

术，即技术水平与管理水平来分类，具体到技术方面还有许多内容，因为这些要素对一个企业的商业模式的效能提升至关重要。例如，现代信息技术对商业模式变革的促进作用，具有颠覆性，故不论从技术本身，还是管理理念与管理手段，都是不可低估的。宏观环境的改变，无疑促使了商业模式的变革，同样影响着商业模式的效能，今天的消费文化，注定了电子商务与物流的飞速发展。

2.4.4　关于商业模式效能新模型的应用

　　限于篇幅，讨论商业模式效能新模型的应用在此只提供思路与处理手段，不再通过数据进行实证研究。为简化模型，假设其他条件不变，我们选取宏观环境中的顾客因素、中观环境中的技术因素、企业内部环境中的软要素与硬要素中的人力资源因素来分析。为简化计算，在比较分析企业与其竞争对手时，不妨用要素贡献矩的比率来计量，例如，苹果手机核心技术对其商业模式的贡献与小米手机的对应比率大于 1，其他条件一样，则说明前者的商业模式效能大于后者。这个处理思路可以把上文的基于微观视角的商业模式效能新模型与基于宏观视角的新模型对应起来。可以用 CVP 表示顾客价值主张的实际效应，PM 表示盈利模式的实际效应，OM 表示运营模式的实际效应，三者的实际效应相对于竞争对手的比率值视为空间三个维度的值，其乘积可以认为是企业商业模式效能，表示的含义是相对于竞争对手的商业模式的相对竞争指数。同样可以把某个企业的商业模式各项指标设定为 1，其他企业与之比较，如此计算出来的体积就是商业模式的效能，它具有一定的意义，可以比较清晰地为同类企业的商业模式的效能进行排序。

我们不妨以智能手机来给予说明。随着全球信息化的蓬勃发展，智能手机成为移动互联网的信息的重要载体与关键平台，"手机转账""手机打车"等成为人们目前常见的生活方式，其市场需求非常巨大，人们更倾向于以苹果和三星为代表的国际品牌。2011 年 8 月，小米公司的小米 1 问世，并宣称这款手机是"世界上最快的手机"，但价格只有 1 999 元。小米 1 的出现，颠覆了人们认为性能高的手机价格必然昂贵的印象。在国产手机市场占有率上，小米公司已经走到了市场的前列，这是一个奇迹。可见其商业模式及其效能值得分析。假定技术信息与人力资源信息是不对称的，可以假设小米手机与其竞争对手在此信息方面是一样的，而对顾客最有效的手机性价比，这个相对贡献率大于 1，自然可以得出前者的商业模式效能大于后者。基于顾客维度，也可以用市场占有率来衡量，例如，据统计，2015 年 3 月，在全球范围内，苹果手机市场占有率是 20%，三星是 19%，华为是 6%，小米、LG、中兴、TCL 则都是 4%。假设其他条件不变，苹果手机与小米手机的市场占有率之比是 5∶1。就目前的手机技术而言，作为核心技术的全息三维立体投影，其核心芯片产自美国，国内目前在这一领域还没有较成熟的成果。苹果从最开始的阳极氧化铝到现在蓝宝石屏，将创新材料应用于手机，国内目前还没有该技术的应用。假设苹果和小米有 8 项技术相同，而苹果多两项技术，则两者的技术贡献比例是 5∶4。类似这样的分析与比较，就可以得出同类企业的商业模式效能的值，也更容易找出影响商业模式效能发挥的短板，进而有利于使企业改进其商业模式，或者为其商业模式的创新提供借鉴。

2.4.5 结论与展望

本研究探讨了关于商业模式效能研究的模型构建及其内在机制。研究结果表明，商业模式是关于价值创造和价值获取的逻辑机制，商业模式研究的重心逐渐从关注收入盈利结构转向价值网络。在互联网经济的背景下，价值网络研究已经成为热点问题之一，同样，商业模式效能的研究也理应处于这样的背景之下。本研究对有关商业模式效能的模型进行解析。研究认为，这些模型整合了商业模式的核心要素，为商业模式效能的评估提供了一个非常好的理论基础。不过，依然存在改进的空间，本研究从微观视角与宏观视角提出了商业模式效能的新模型，具有一定的创新性，同时本研究对该模型的应用展开讨论，提出了新模型应用的思路与操作办法，既有理论的拓展，又有实践的生命力。

不过，所构建的模型具有局限性，微观模型虽然从运营及价值角度进行设想，但是缺乏实证支持，宏观角度考虑的范围比较大，具有一定理论性，在实际操作中还要不断完善。

今后的研究将在以下几个方面展开：（1）商业模式效能的发挥离不开其情景，也离不开对商业模式内涵的界定。为此，大数据背景下商业模式效能模型构建及其实证研究必将成为一个新热点。（2）对战略层面、运营层面及价值创造层面的商业模式效能的研究将有所区别，也是拓展研究的一个新视阈。（3）完善本研究构建的新模型，需要采取一系列量化研究的手段进行探索，以体现其实用价值。

2.5 商业模式品牌战略研究

2.5.1 引言

苹果公司演绎的商业神话，得益于苹果的技术创新，更得益于其商业模式的成功。在经济全球化、信息网络化、竞争国际化的背景下，企业之间的竞争已经不是产品或服务的较量，而是商业模式之间的竞争，商业模式是企业创造价值的重要载体，也是企业核心竞争力的保障，具有动态性、可持续性、系统性、价值多元性等特点，这些特点决定着商业模式价值诉求的多元性。价值的内涵丰富，不仅包含经济价值，还应包含社会价值、环境价值等方面，而企业价值的满足也不局限于客户的满意度，还要充分考虑利益相关者的需求，为此，构建维护利益相关者的利益机制与"规则组合"是商业模式成功的重要基础。不过，如何保持一个商业模式的可持续发展，如何使"商业模式"这个特殊的"商品"不断地递增其品牌价值则是需要认真研究的。巴菲特说过，判断一家公司的优劣，只看它是否有定价权，至于 CEO 是谁并不重要。我们知道，名牌产品具有相对高的定价自由度，也有高价位的选择权，当然，这也意味着高利润，这就是品牌的价值体现，也是品牌的魅力所在，基于此，本研究拟从价值的视角来探讨商业模式品牌战略模型的构建，探求打造商业模式品牌价值的可行路径。

2.5.2 相关文献简述

1. 关于商业模式

关于商业模式的理解可谓仁者见仁、智者见智，目前还没有统一的概念，主要的原因是："商业"的内涵比较宽泛，并且随着社会经济的发展，商业模式的内涵还将不断演进。从理论上看，商业模式与战略、营销、组织等传统管理学理念有交集，商业模式理论本身并没有一致认可的概念体系与研究范式。正如琼·马格丽塔在题为《商业模式的缘由》一文中指出的："除非我们清楚地界定企业的商业模式的含义，否则这些概念仍会是迷乱的和难以应用的。"[93] 1960 年，Gardner M. Jones 首次在其论文标题中使用了"business model"[94]，表明"商业模式"作为一个专门术语出现。Blumenthal 在 1961 年采用"Business Models"来解释编制小企业财务报表的方法或模型，[95] 其与今天所讲的商业模式的内涵有较大差异，之后商业模式的研究随着经济发展而不断引起人们的重视，但是商业模式研究热潮真正形成还是在 20 世纪 90 年代后期，以互联网为代表的新经济不断演绎着商业神话，商业模式创新伴随着技术变革的日新月异，这种"非线性""无秩序"的经济特征引发了人们对企业管理理念、资源边界、核心能力等运营模式问题的重新思考。现代信息技术与传统商业的全面整合给商业模式概念注入了新的内涵。王雪冬、董大海（2012）研究认为，可以把商业模式的内涵分为经济、运营和价值三种不同性质的定义：（1）经济类定义。商业模式理论与互联网相伴而生。商业模式最初阶段被理解为"盈利模式"（Morris 等，2005），即企业创造利润的逻辑。（2）运营类定义。商业模式被看作一种结构设置，聚焦在企业内部流程和基础结构设计上。Mayo 和 Brown（1999）把商业模式界定为：为了提升并设法保持企业的竞争力，对企业相互依存的关键系统进行的总体设计。（3）价值类定义。"价值"概念逐渐被纳入商业模式的理论范畴，价值定位、价值创造、价值网、价值传递、价值实现等逐渐成为商业模式的关键构成要素。[96]

可获利性是商业模式的主要功能，商业模式的要素及其结构是完成这一目的的手段与方法，"商业模式是一种集流程、顾客、供应商、渠道、资源和能力等要素于一体的可获利结构"。[97] 这些要素构成了商业模式成本与收益的方式，包括交易结构、收益结构和交换结构。[98] 这些结构是创造企业价值的机能与模式，代表着一个企业创造价值的内部流程与架构的设计，而企业价值又必须依托为顾客创造价值来实现，正如 Boulton 等指出的："商业模式是企业有形资产和无形资产的独特组合，该组合使得企业有能力创造价值"。[99]

2. 关于品牌与品牌战略

一个广为人们接受的道理是无形可以胜有形、柔可以克刚，"微笑曲线"也揭示着这个道理，产品的设计与品牌营销往往胜过产品生产所获得的利润，而这些高附加价值的最集中的表现就是品牌与品牌的价值，那么，什么是品牌？如何创造品牌价值呢？美国市场营销协会的定义是："品牌是一种名称、术语、标记、符号或图案，或是它们的相互组合，用以识别某个销售者或某群销售者的产品或服务，并使之与竞争对手的产品或服务相区别"。[99] 广告专家 J.P. 琼斯（J.P.Jones）认为："品牌是基于顾客的认同并愿意购买，可以为顾客带来功能利益及附加价值的产品。""品牌"是拥有者的一切无形资产总和的浓缩，并且可以凭借特定的形象及个性化符号来识别：它是主体与客体、主体与社会、企业与消费者相互作用的产物。[100] 可见，品牌通过有形或无形的资产，通过功能价值或理性价值来创造差异化的效果，来积淀其丰厚价值。西蒙·安浩（Simon Anholt）认为，不要提什么营销，应该重视品牌，重视品牌价值的创造，要通过竞争优势的识别来强化品牌战略的构建。他认为竞争优势识别系统的良性循环是："建立一个竞争性战略→产生一系列围绕战略的观念→出色地实施这些观念→告诉世界这些观念→建立一个竞争性战略。"[101]

凯文·莱恩·凯勒教授认为创建强势品牌有四个步骤："品牌识别→品牌响应→品牌含义→品牌关系。"[102] 他从品牌战略的视角，认为品牌构建思路要从品牌定位、品牌元素、营销方案、营销传播、次级品牌、品牌评估、品牌维护等七个方面来考虑，这个方法对商业模式的战略品牌构建也有一定的借鉴意义。

3. 从品牌战略角度研究商业模式的相关文献

目前，关于商业模式的研究比较热，有的从要素角度来探索其核心构件，有的从结构角度来构建其运行的模型，有的从抽象的角度来概括其一般性原理，有的从案例的视角与实际对接，有的从信息化的角度研究其商业模式的创新，也有的从已经成功的商业模式中提炼其一般性规律，不过，从品牌战略的角度来研究的则不多见，期刊网上只有几篇相关文献。程愚、孙建国（2013）认为，商业模式是企业创造价值的基本机制，其核心要素是决策、资源与能力、价值成果三个方面，在价值成果的要素中，他们认为，为客户提供独特价值，获取竞争优势，永续经营是很重要的。[103] 其实，这些要素也是品牌价值的重要构件，如果没有这些作为保障，也就不是一个好商业模式。周辉、刘红缨（2007）从战略角度研究商业模式，认为："商业模式是企业以在网络价值中的定位为基础，设计出价值创造和价值实现的内在逻辑关系，并通过内部管理的整合谋求自身价值链的协调一致性，以确保企业获得持续利润的企业战略实现的一整套具体范式。"[104] 商业模式的设计是一个动态调整的过程，从战略分析到外部价值链设计、内部管理整合，再到战略绩效评估，是一个不断反馈修正的过程，这是商业模式研究的战略思维。吕承超（2012）认为"免费商业模式的内在机制是基础业务免费和增值产品收费，构建的品牌机制模型进一步证明了免费商业模式最优化的利润与品牌信用度、品类需求强度呈正比关系，与增值产品价格呈反比关系。在经济过剩时代背景下，消费者的选择和购买行为受到选择成本的影响和制约，而品牌正是通过选择成本来决定消费者的选择效率，最终决定了厂商的生产效率"。[105] 他从品牌经济学的视角解读了免费商业模式盈利模式的内在机制，这对具有"品牌价值"的商业模式的内在盈利机制具有一定的解释力。不过，他没有从品牌战略的一般意义上来解释商业模式的品牌价值的真正内在机理。吕承超、王爱熙（2012）认为，特许经营中特许商和加盟商的关系实质上是品牌使用权之间的博弈，而品牌作为企业重要的无形资产，可以有效地降低消费者的选择成本。他们研究认为："特许经营商业模式品牌的建设责任应该由特许商承担，收取加盟商一定的品牌建设费用；进行统一的品牌建设；特许经营商业模式要采取正确合理的品牌定位和品牌策略，以提高品牌品类度和信用度。特许经营商业模式要减免特许权使用费，以最大化整个商业链条的利润空间。"采取这种策略将有利于实现整个商业模式利润的最大化。[106]

2.5.3 基于价值视角的商业模式品牌战略模型之构建

1. 商业模式需要战略思维

构建商业模式是不是公司的战略选择？商业模式是否等同于战略？显然，不可等同，但是，至少可以说，构建公司的商业模式需要有战略思维，管理学家钱德勒将战略定义为："战略是一个企业基本长期目的和目标的确定，以及为实现这一目标所需要采取的行动路线和资源配置。"基于以上的分析，商业模式是实现企业战略的助推器，要把商业模式的设计纳入企业战略的规划之中，为此，构建商业模式既要明确往哪里去，又要考虑怎么走，需要设计其运作方案，然后要考虑具体如何去实施。简单地说，既要立足现在，又要谋划未来。IBM、时代华纳、通用电气等世界著名公司，总是有超过正常水平的表现，采取有利的盈利模式去创造超出正常水平的利润，但是，好景并不总是独好，1983—1993 年，IBM 的价值有所下降，原因何在？就是没有充分重视战略设计与商业模式的创造，1993 年 IBM 的 CEO 郭士纳说："IBM 现在所面临的最紧迫的一件事，就是构思自己的公司战略。"或许，公司战略是 5 年、10 年规划，但是，经过多年积淀而形成的商业模式或许弥久更坚，或许麦当劳的商业模式就是例证，其过去 20 年都保持稳定或变化很小，但是，商业模式又不是简单地模仿就能见效，对于商业模式的精华，需要认真研究。成功的战略设计，必须重视其商业模式的设计；反之，成功的商业模式一定在新的战略实施中不断创新与完善，从某种意义上讲，战略的推进需要有成熟的、有竞争力的商业模式的支撑。

2. 商业模式战略品牌模型构建

目前，学术界普遍接受的商业模式定义为："商业模式描述了企业如何创造价值、传递价值和获取价值的基本原理。"[107]基于价值视角的商业模式研究，多数学者认同从价值角度概括的商业模式由价值主张、价值创造、价值传递与价值获取这四个方面构成，在网络化与开放式的背景下，利益相关者的共同价值创造、共同价值传递与共同价值获取是商业模式的基本架构。[108]

基于对以上文献的分析，商业模式需要有战略思维，需要考虑其品牌价值的创造。基于价值视角的商业模式品牌战略建设可以从三个方面综合考虑，为此，构建了基于价值视角的商业模式品牌战略模型（如图2-4 所示）。

（1）价值主张

价值主张反映了商业模式的总目标，是品牌战略决策的起点，是基于顾客价值满足的逻辑出发点，也是构建商业模式品牌价值的基础。在

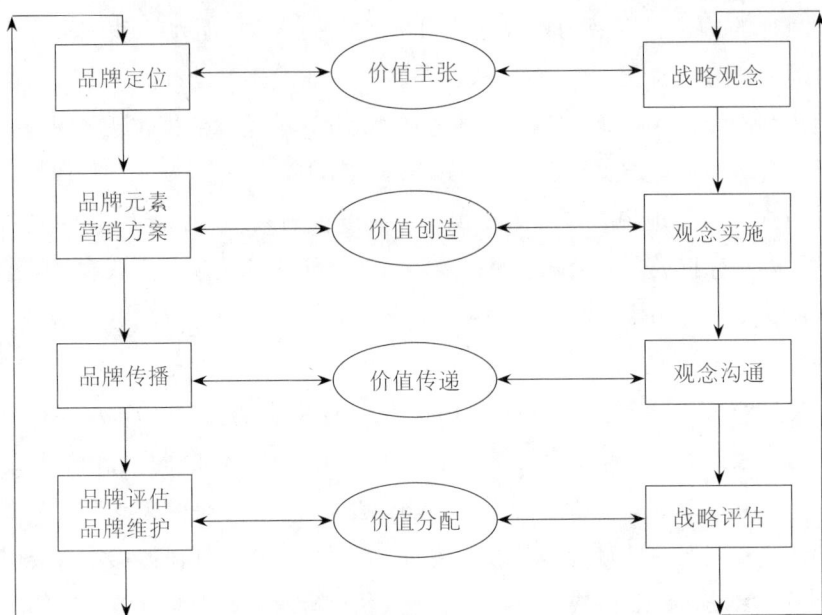

图 2-4　基于价值视角的商业模式品牌战略模型

网络经济与经济全球化背景下，价值的含义不仅仅是经济利益，还包括社会利益、环境利益等方面，顾客也不仅仅是直接消费商品与服务的消费者，还包括利益关系的相关者，如投资者、合作商、政府部门甚至还有竞争对手。价值主张是商业模式中管理者与利益相关者联系的纽带，这个准确的定位决定着商业模式品牌价值积淀的方向与效益，需要借鉴品牌定位的思想。凯勒教授认为，品牌定位就是确定本品牌在顾客印象中的最佳位置，它是整个品牌战略的核心和灵魂，目的是实现公司潜在利益的最大化。品牌定位就是品牌核心价值观的提炼，使其具有区别于其他品牌的个性与特色，它是建立整个品牌的基础。品牌定位的最终目标是获取品牌溢价。从现代营销学看，要通过创造顾客价值来实现企业的价值，沃尔沃定位于"安全"，海飞丝定位于"去屑"，王老吉定位于"怕上火"，这些恰到好处的定位为其市场良好业绩打下了扎实的基础；耐克把利益的重心放在产品设计和营销两个核心环节，而将生产环节外包出去，这种虚拟生产的商业模式把生产利益让渡出去，其有所为、有所不为的战略思维决定着利益分配的格局，可见，商业模式的品牌定位不仅是将要生产的产品或服务设计为有竞争力的差异化诉求，也是对利益相关者利益格局的规划，正如李东（2013）指出的，商业模式是一系列规则的组合。

（2）价值创造

价值创造是商业模式中重要的资源转换环节，决定着投入与产出的效率与效益，其潜力取决于效率、补充、锁定与新颖性，这是将商业模式一般化抽象概括所形成的四个方面，从商业模式分析单元看，可以分为"内容、结构和治理"三部分，并通过对机遇的把握来创造价值（Zott 和 Amit，2001）。[109] 从战略实施的角度看，就是资源的整合过程，是优化人、财、物等资源的过程，既有技术要素，又有管理要素，是经营，也是运作。

皮尼尔和奥斯瓦尔德认为："一种商业模式往往涉及 9 个方面的要素：①客户细分；②价值主张；③渠道通路；④客户关系；⑤收入来源；⑥核心资源；⑦关键业务；⑧重要合作；⑨成本结构。"(107) 这 9 个要素覆盖了商业模式的存量资源与营销构件。例如，核心资源与关键业务，可以概括为资源及其组合，而客户细分、客户关系、渠道通路与重要合作，则可以用现代营销方案来解释，故这两个方面基本对应着品牌元素与营销方案两个方面。凯勒教授认为："品牌元素是那些用以识别和区分品牌的商标设计。"基于以上分析，我们来看一个案例，20 世纪80 年代手机市场中诺基亚、摩托罗拉、索尼、爱立信等是大品牌，后来者三星采取新的"垂直整合和专业化生产"共存的商业模式，创造了商业奇迹。技术方面向美国美光科技购买半导体技术，在此基础上研发改进，并成功地降低了成本，取得了半导体全球第一的市场占有率；其次，创新手机外观，组建 500 人的外观设计队伍，在全球建有 13 个研发中心，每一部手机分别由三星旗下生产半导体、显示器、相机镜头和显示晶片的四家公司沟通完成，这是企业内部的垂直整合，外观的任何创新都是综合完成的，这种模式既积极响应了客户需求，又降低了成本，其几年时间就走过了其他企业几十年的历程，市场占有率迅速升至全球第三。可见，面临新环境，营销者要灵活地改变营销方案，整合要素进行个性化设计，这是实施战略思维的过程，也是创建、维持强势品牌的关键环节。

（3）价值传递

营销学中有让渡价值的概念，就是通过那些渠道向客户传递价值，也可以说通过业务运作来输出品牌的价值，不过，随着服务业的发展，制造业中的服务与服务过程中价值发生的即时性，表明价值的创造与传递具有不可分割性。如果从品牌建设的视角看，品牌传播商业模式价值的形成，可以通过有声的传播，也可以通过无声的传播，围绕一个卖点进行整合宣传，这对商业模式的知名度、认同度与美誉度至关重要，也是让商业模式的价值得到更多投资者青睐的有效途径，这里的价值传递就被赋予了更丰富的内涵，不仅仅向顾客传递商业模式中核心要素产品或服务的价值，给最终消费者以实惠，而且还包含着把商业模式本身的价值最大化，让这个更大的"产品"有知名度与美誉度，这个不仅对刚刚设计好的商业模式的招商有积极的意义，而且对商业模式吸引更多的利益相关者，形成价值网络，以最终实现可持续发展至关重要。下面通过一个案例来解析价值传递的过程，2007 年，由俞凌雄、章起华和陈军三位顶级大师合力创办的汇聚国际教育集团成立，到 2012 年，发展到有 90 家直营公司，代理商遍布全国各地，拥有整个培训行业最具信仰和企业之魂的团队精英近 4 000 人。2013 年，其成为首家进入哈佛授课的培训机构，是 2013 年全球 CEO 发展大会战略合作伙伴和唯一指定教育培训机构。在顾客的心目中，公司的知名度与美誉度上升为极高的客户忠诚度，公司业绩以每年 200%～300% 的速度快速增长，其短期的奇迹般的增长得益于其全新的商业模式：课程内容标准化研发+讲师团队化复制+客服专业化+名师实战性传授。企业派专职培训师去公司免费义讲，然后与企业老总洽谈，觉得有用后再付费，继续听后续课程，最后，通过问卷与访谈，不断改进、创新，达到课程经典化、简单化、互动化与植入固化。企业不断进行产品与服务的创新，不断向客户传递价值才是企业立于不败之地的法宝。

（4）价值分配

从经济学的角度看，价值分配是企业收入与成本之差，价值分配的核心是如何确定收入结构与成本结构的关系，如何权衡消费者剩余与企业剩余之间的平衡，在很多的商业模式模型设计中，这个环节是最后的

"一跳"，按照马克思的经济学观点，如果实现不了，"摔坏"的不是商品，而是商品的所有者，"魏朱"的商业模式设计把企业价值的实现作为最后的收尾，而本研究则不这样认为。在复杂的现代经济背景下，应该在价值网络的视角下，重视商业模式的可持续发展；在战略管理的视角下，要重视战略实施的反馈与修正的思路；在战略品牌的新视角下，应该有品牌价值的评估与维护的新思维，而品牌价值的评估，自然又要回到以客户为主要利益相关者的大范畴下，只要利益相关者各得其所，让此商业模式去促进实现帕累托最优，那么，这样的品牌战略视域下的商业模式才是最有生命力的，才会使得这个商业模式更具有品牌价值。下面用一个案例来予以解析（如图 2-5 所示）。

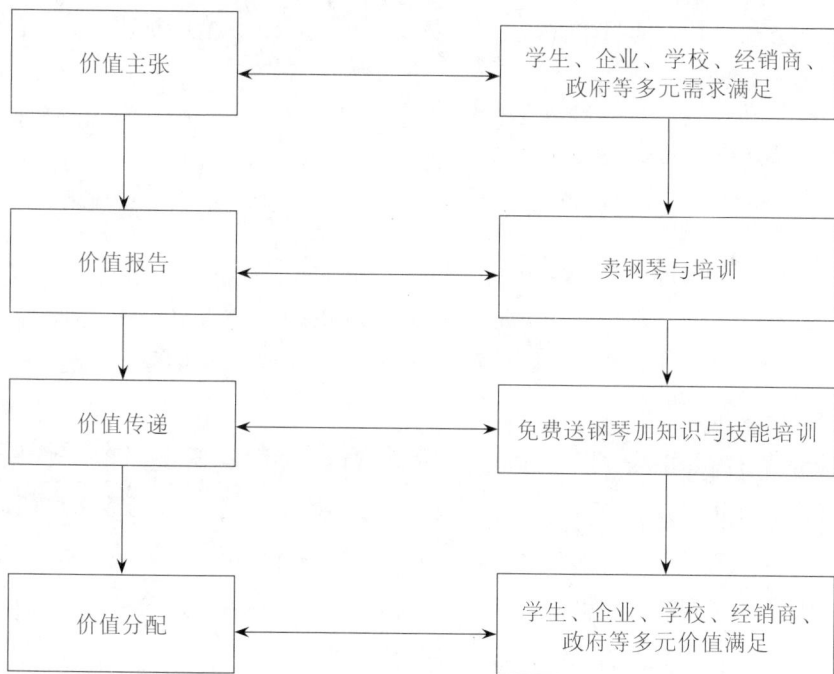

图 2-5　重庆某钢琴培训公司价值视角的价值分配解析图

重庆某钢琴培训公司采取的商业模式具有价值分配的代表性，公司成立于 1996 年，共培养了 2 万余名学生，2000 年获得国家奖项，2012 年被授予中国诚信企业称号。公司的主要业务是钢琴培训和钢琴销售。卖钢琴这项业务占到公司营业额的 40%，钢琴卖给学生、经销商，每年大概卖出 2 000 架钢琴。培训这项业务占到公司营业额的 60%，每年大约招收 4 000 名学生，平均每名学生收费 5 000 元左右。教学培训的模式是：公司与政府签订 5 年的合同，公司免费提供 1 500 架钢琴，给这个区（县）政府，平均每架钢琴 2.5 万元，总价值 3 750 万元。有了这个合同，便于向钢琴生产商采购钢琴（公司首付 30%，剩下的部分靠招生培训的收入进行还贷，因为有与政府签订的合同，钢琴生产商愿意）。政府把 1 500 架钢琴分发给所在区域的部分学校，由学校进行招生，招生的收入和学校五五分成。因为是 BT 模式，所以与政府合作时不需要进行招标，只进行公示，这样每台钢琴可以卖到 2.5 万元，而实际上，每台钢琴的成本是 8 000～10 000 元。可见，强调利益相关者利益的分配设计，要强化规则意识与利益共享意识，只有这样才会真正使得商业模式可持续发展。

2.5.4 主要结论与展望

1. 主要结论

（1）商业模式需要有品牌战略思维

在现代经济条件下，企业成功的关键不能单靠产品或服务，而要关注商业模式之间的较量，谋划商业模式的可持续发展，要立足长远，要有战略思维，要有品牌意识，可以依照价值主张、价值创造、价值传递与价值分配的主线，以品牌定位、品牌营销、品牌传播与品牌维护的策略为其开拓思路，去完成战略观念、观念实施、观念沟通与战略评估，这几个方面好像有很大的不同，其实，归结到一个中心，就是不断积淀商业模式品牌的核心价值。

（2）商业模式需要保障利益相关者的价值

笔者认为，传统的价值主张是基于顾客价值卖点的诉求来定位的，其实对于商业模式而言，更重要的是包含顾客在内的利益相关者的利益共享机制的设计，否则，就是只见树木，不见森林。如果处理不好，就只能让"好"的商业模式昙花一现，为此，"企业需要重视利益相关者的能动作用，尊重利益相关者的既得利益，不仅与利益相关者共同创造价值，还需要在价值分配过程中充分考虑利益相关者的诉求，实现企业与利益相关者的共赢"。价值网络理论也认为，竞争与合作很重要，价值网络更应强调利益相关者的利益，强调价值共创的双赢，甚至多赢。

（3）商业模式发展演变中的动态性是新常态

环境变化是经常性的，管理者需要在灵活性与稳定性之间寻求平衡。网络经济推进商业模式创新是伴随着互联网技术、信息技术的广泛运用而产生的经济形式，是对传统企业产品及服务的生产、运作形式的颠覆，经济的联系由点到面，进而发展到多维度网状形式，网络促进了信息的容量，形成庞大的信息库，并通过网络加大对信息的整合与集成。在网络经济背景下，企业价值的创造只是整体价值系统的一个部分，只是沧海之一粟，多元价值主张必然是新经济的新常态，为此，商业模式的动态性相对于静态性更加突出，形成不断反馈与修正的理性循环更为重要。

2. 展望

本研究从品牌战略的视角来研究商业模式，只是抛砖引玉，对如何设计商业模式的品牌战略的实施细节还有待深入研究，对一个具体企业的商业模式品牌战略的规划，也需要不断地去探索。可以基于以上的理论模型，进行更加详细的设计，采取深入的量化研究，一方面可以去验证理论，另一个方面也可以进行拓展研究，或许有更新的理论发现，这是以后研究的方向之一。

2.6 "互联网+"时代商业模式设计研究

2.6.1 前言

互联网不仅极大促进了生产力的快速发展，也带来了社会生活的全面变革，其在生产力要素方面的贡献有目共睹，生产的效益与日俱增。与此同时，互联网作为一把"双刃剑"，其在技术层面使人耳目一新的同时，也冲击着传统价值观念，人们的世界观与价值观也发生了变革，互联网诱发人们思辨传统价值观，思考传统的人文精神，同时也进一步促进了人文精神的回归。在此背景下，企业要具有互联网精神，不能被功利思想左右，这是企业可持续发展的保障。几乎所有的互联网企业或"互联网+"背景下的企业，都不得不重新审视社会发展的趋势，都不得不思考在价值网络背景下谋划利益共同体的运行机制，以创造一个可持续发展的动态机制，去构建一个以人文精神为内核的商业生态，去构建一个自增强的保障机制，最终获取可持续发展的核心竞争力。

2.6.2 "互联网+"的内涵分析

李克强总理指出，要大力发展"互联网+"战略，推动传统产业转型升级。"互联网+"不仅推进了产业升级，更促进了生活品质的提升，例如，互联网+金融出现了余额宝，互联网+出租车出现了滴滴、快的，互联网+商场出现了淘宝，可见，互联网的应用已经渗透到生活的方方面面，已经嵌入到生产的各个环节，"互联网+"的效应已经呈现出颠覆性的变化，传统行业与互联网产生的"化学变化"日新月异，新业态的创新已是常态。总之，生活因互联网而美好。

互联网以其开放、便捷、共享、免费等特点，吸引着客户的眼球，与消费者产生共鸣，最终拥有了一批忠诚的客户。[110]借助互联网技术进行商业模式创新是企业培育核心竞争力的必要手段，其基本逻辑一般是通过免费方式来积累客户量，并不断为客户提供增值服务，为客户创造价值，进而形成良好的客户黏性，这样客户数量就形成了规模，也就为广告或者其他服务获取利润提供了基础，这个模式是"先予后取"营销理念的巧妙运用。该模式运作成功的关键是要精确探测出客户的需求，输送超过客户期望的价值，赢得客户满意，增加客户回头率，形成客户心理依赖，依靠自增强机制，形成可持续的发展。

首次提及"互联网+"这个词的是易观，在 2012 年第五届移动博览会上，他认为互联网将作为社会基础设施，任何传统行业和服务行业都将被互联网改变。"互联网+"就是："要充分发挥互联网在生产要素配置中的优化和集成作用，把互联网的创新成果与经济社会各领域深度融合，产生化学反应与放大效应，大力提升实体经济的创新力和生产力，形成更广泛的以互联网为基础设施和实现工具的经济发展新形态。"[111]"互联网+"的"+"含义很丰富，可以把"互联网+"理解为一种战略、一种规律、一种文化、一种引领、一种经验或一种趋势，[112]也可以把互联网理解为一个"新的生产要素"，但是，其又不仅仅是独立地发挥作用，可以理解为其渗透到或者叠加到其他要素中，产生连接一切的作用，促进新产业与传统产业跨界融合，促使全方位协作，从而促进全要素的贡献率大大提升。

2.6.3 "互联网+"时代与人文精神

1. "互联网+"与人文精神

人文一词最早见于《易经》，要求人们的行为合乎礼仪规范，以人伦常理来维系社会秩序。近代以来，人文强调以人为本，强调尊重人、重视人、教化人，就是以人为中心重视心灵教养。人文精神在当今也有具体的体现，24个字的社会主义核心价值观，是全体人民共同的价值体认，是新时代人文精神的灵魂。因此，在互联网时代要尊重人的主体性，实现人的全面发展，实现社会和谐发展。

"互联网+"不仅仅在内涵上有别于传统意义上的信息化，更是打破了时间与空间的限制，呈现了更大范围与更大深度的融合与渗透，促进了数字信息被开放、透明、平等、公正地使用，并释放出极大的生产力，其主要的特点是：以人为本、跨界融合、开放共生与连接一切。"互联网+"时代是中国网络经济从用户流量到用户黏性，再到价值导向的必然逻辑，[113]从这个意义上讲，互联网发展的脉络是从追求量向追求质的方向转变，所以，以人为本是"互联网+"的本质内涵，跨界融合、开放共生与连接一切体现的是技术优势，或者说是技术特点，技术特点显现了其背后的人文性，进一步体现任何技术进步都是不断解放客观条件对于人性的束缚。真正推动"互联网+"迅速发展的是对人性的深刻洞察与人文关怀。人是推动科技进步的第一要素，也应该是人文关怀的第一要素，对人性的敬畏、对人性的关爱是技术创新的原动力，这些都是让互联网不断焕发出迷人光彩的深层次原因。

对企业而言，谁深刻洞察互联网时代的客户需求，谁就拥有先发优势。小米创造了商业神话，就是因为它锁定客户需求并不断提供超值服务，可见，发现需求并设法超越竞争对手去满足它，也是互联网时代商业模式创新的不二法门。

2.弘扬人文精神是中国优秀的商业文化

儒家提出仁者爱人，以内修外，追求人格的完善。墨家以兼爱为中心，以博爱的胸怀诠释人文情怀是其基本精神。法家提出以法治国，保护社会良序。道家提出道法自然。传统文化的人文精神有着丰富的内涵，主要有：（1）和合精神。中国是多民族国家，只有"和合"才能兼容并蓄，才能和谐发展。儒家主张从社会等级中求和合；道家提倡从人与自然中求和合；法家提倡依据制度求和合；阴阳家则从对立统一中求和合。（2）对美的追求。美的形态有很多，包括自然美、社会美、艺术美和生活美等。生活的本质是追求美的体验，有感官的美，也有内在共鸣产生的美，我国的传统文化无不包含对美的追求与颂扬。（3）社会责任与抱负。"君子以自强不息""士不可以不弘毅"，有志之士应有担当精神。古代仁人志士以社会责任为己任，以报国为远大志向。（4）对仁义礼孝等传统美德的追寻。[114] 我国的传统文化中重农抑商的思想比较重，认为商人多唯利是图，君子爱财取之有道一直是中国传统道德追求的规则，他们追求以诚信为本，社会各种活动中讲究以礼待人，讲孝道，讲忠厚传家远。中国的商业文化来源于中华优秀的文化，它是社会发展之根，是财富积累之源，是生活幸福之本。商业文化影响着社会发展的进程，与中华民族的命运息息相关。现代市场经济本质上是一种特殊的文化经济。商业文化的价值观决定着商业行为，甚至决定着国家的前途与命运。现代商品经济竞争力的背后是关爱、平等、公正、公平，这是一种信任，一种信誉，更体现着人文精神。人文精神是创新精神的基本内容，互联网本身体现着创新，同时又会加速创新，其动力之源是优秀的商业文化。

3.科技进步与管理创新始终体现着人文关怀

科技与管理是社会发展的两个轮子，科技进步与管理创新在推进人类发展的进程中，始终体现着对人性的关怀。技术进步推进生产力不断发展，人类为了冲破自然力之束缚而发挥的主观能动性，这是人性之使然，具有客观必然性。畜牧业从农业中分离出来，手工业从农业中分离出来，商业从工业中分离出来，这反映了事物发展的逻辑与情感逻辑的统一，因为，这种分工有利于充分释放人的劳动自主性，是劳动者意志的主动进取，而不是违背意志的被动选择，在生产方面充分显示效率最大化原理，符合科学生产管理的原则，符合在既定资源条件下去追求效益最大化的道理，符合人类追求福祉最大化的理性假设。丹尼尔·A.雷恩在《管理思想史》中指出，科学管理从本质上说，是一场彻底的心理革命，对于在具体公司或者行业工作的工人来说，这是他们工作责任的体现。科学管理的管理原则和手段也都能体现出其对工人的关心，例如，引导工人了解这样做对他们没有坏处，按照科学的方法去干活可以节省体力。人们不仅能够活得更久，而且能够活得更好：真实工资（购买力）指数从 1820 年的 41 提高到 1860 年的 57（1913 年为 100）。日子变得更好了，而这仅仅是美国工业革命的开端。丹尼尔·A.雷恩富有哲理的概括或许更能体现技术变革的社会意义，他指出："时代的经济特征最主要塑造了该时代占据主导地位的社会价值。"[115]

4. "互联网+"时代的风险与隐忧

工业革命以后，科学管理强调社会分工对生产力的贡献，现代流水线使得工业生产效率大大提高，极大地促进了人类社会的跨越式发展。但是，高度发达的理性文明，却有意无意地漠视了人类社会的人性关怀，使得社会组织变得更加机械化，甚至是僵化，人与人之间柔软和自然的部分被逐渐淡化，过分的理性会导致"人性的沙漠"。生命的意义迷失在技术与金钱之中，物质生活不断丰裕，而精神家园却日渐荒芜。现代科学的技术性淹没了人文关怀，这被称为"现代化危机"。"现代化危机"就是工具理性放大与价值理性忽视之间的矛盾。[116]而今，迅速兴起的互联网技术，打破了机械化的社会关系，把网络环境中的每一个人都有效地串联起来，人与人之间沟通无障碍，各种社交软件，如微信、微博、电子邮件等，使得人类真正迎来了"人人时代"。不过，"现代化危机"在互联网时代或许更加直观地体现着，人们借助互联网提高了工作效率，体验了个体自由，但对互联网的依赖却与日俱增，甚至视其为玩具，玩物丧志。它在扩大着人际交往平台的同时，削减了人们面对面交往的机会，有些人沉溺其中，离群索居者越来越多，缺乏心灵交流常常使交往流于表面，个体孤独感不断显现。使人在不经意间虚度时光，可控制性的消极后果是，网民上网看似是自主的活动，但却被束缚在电脑和互联网的技术逻辑之中，作为被人的理性成就的互联网，竟然成为对个体自由的限制和束缚。总之，在喧嚣的互联网时代，只有融入"社会生活"的"个体生活"才具有根本意义，只有在人与人的交往中，才会有内心的体验，这样，人文情怀才有真实意义。

互联网为我们带来便捷、高效的同时，其危害也不容忽视，网络使一些人情感锁定不能自拔，网络成瘾是人们身心健康的新杀手，甚至有人以网络技术来危害社会。可见，"互联网+"时代需要人们以更加审慎的态度对待网络社会，因为，在互联网的世界中同样有着人性的阴暗面，有贪婪、欺诈、仇恨、媚俗、色情等现象，这些冲击着我们的道德体系，触犯社会道德和法律的底线。"互联网+"意味着互联网将渗透到生活的方方面面，人们也必将面临传承与弘扬传统文化的使命，这是互联网时代社会有序健康发展的保障。商业运作中的互联网企业，或者以新互联网技术改造传统企业，应该责无旁贷地肩负起时代所赋予的重任，以自律、诚信、担当、责任来取信于社会，取信于民，努力构建人文、健康、安全、绿色的互联网新时代。

5. 基于人文视角的"互联网+"时代商业模式设计的思考

（1）"互联网+"时代商业模式的演绎

任何企业都有商业模式，Teece[117]认为，企业从创立之始就有其商业模式。从微观角度看，商业模式是企业战略与企业家经营理念的体现；从中观角度看，商业模式是行业经营模式的一般抽象；从宏观角度看，商业的范畴很宽泛，已经涵盖了生产流通环节中的许多方面。不过，目前商业模式还没有统一的概念，主要原因是商业模式具有"时效性"，是一定历史时期生产力水平与企业经营管理者思想的反映，生产力发展的动态性推动着生产关系不断变化，因此，商业模式的内涵也必将不断演化。商业模式最早出现在 20 世纪 40 年代，1960 年，有学者的论文正式将其作为标题，但真正引起人们关注的，则是在计算机技术与互联网技术大发展之后。从时间维度看，商业模式的内涵经过了提出阶段、描述阶段与逻辑分析阶段。从含义的侧重点看，有基于运营的，有基于盈利的，有基于战略定位的，有基于系统论的，这些研究从不同的视角揭示了构建商业模式获取企业可持续竞争优势的实质。随着互联网技术的不断发展，研究者对商业模式的关注点开始转向价值的视角，例如，Linder & Cantrell（2000）认为：“商业模式是组织创造价值的核心逻辑。”Petrovie，Kittl & Teksten（2001）认为：“商业模式是商业系统创造价值的逻辑。”Well & Vitale（2000）认为，商业模式描述了主要的产品流、信息流和资金流以及各种类型参与者的利益。魏炜、朱武祥（2007）认为，商业模式是企业与其利益相关者的价值交换系统及其关系。简单地说，商业模式就是利益相关者的交易结构。[118] 从这个意义上讲，商业模式在本质上是一种价值创造和分配的机制，是处理以企业自身为中心并考虑利益相关者的价值系统。利益相关者对企业单个组织而言，是企业系统外的因素，但是，对于商业系统整体而言，则是系统内因素，甚至与关联企业之间的商业模式的要素都存在一定的关系，这是商业模式跨越组织边界的具体表现，不妨把企业商业模式的要素分为自身可控资源与外部资源，外部资源主体也会谋求利益最大化，所有要素的利益主体要共赢，这是商业模式可持续发展的基本保障。[119] 在互联网时代，无数的例子说明了要让消费者参与生产和价值创造，让利益相关者共同创造价值、分享价值，就价值创造而言，互联网改变了价值创造的载体，将工业时代单一价值链改变为价值网络。互联网还颠覆了价值创造方式，更加密切关注客户的感知和体验，计算机技术与互联网技术为商业模式的价值创造插上了翅膀，进一步体现了客户是价值创造的来源，也是价值创造的一部分。此外，互联网还导致价值创造逻辑的变化，通过跨界、融合、去中心化以及长尾效应产生的效能，使得商业模式的效能逻辑焕然一新，让越来越多的企业认识到“互联网+”给生产、生活所带来的变化，企业必须与时俱进，否则，只会被时代所淘汰，正可谓“没有成功的企业，只有时代的企业”。

（2）基于人文视角的“互联网+”时代商业模式设计的模型

基于以上的分析，结合上文对人文精神培育的理解，构建了基于人文视角的“互联网+”时代商业模式的模型（如图2-6所示）。

```
┌──────────────┐         ┌──────────────────────────────┐
│   价值定位    │         │   基于人文关怀满足利益相关者价值   │
└──────────────┘         └──────────────────────────────┘
       │
       ▼
┌──────────────┐  ◄────► ┌──────────────────────────────┐
│   蓝图设计    │         │   设计吸引客户的方案与搭建共享平台  │
└──────────────┘         └──────────────────────────────┘
       │
       ▼
┌──────────────┐  ◄────► ┌──────────────────────────────┐
│   价值创造    │         │   在连接、开放、跨界、融合中创造价值 │
└──────────────┘         └──────────────────────────────┘
       │
       ▼
┌──────────────┐  ◄────► ┌──────────────────────────────┐
│   价值传递    │         │   信息流、资金流、物流等途径传递价值 │
└──────────────┘         └──────────────────────────────┘
       │
       ▼
┌──────────────┐  ◄────► ┌──────────────────────────────┐
│   价值分配    │         │   利益相关者满意度测评与价值再定位  │
└──────────────┘         └──────────────────────────────┘
```

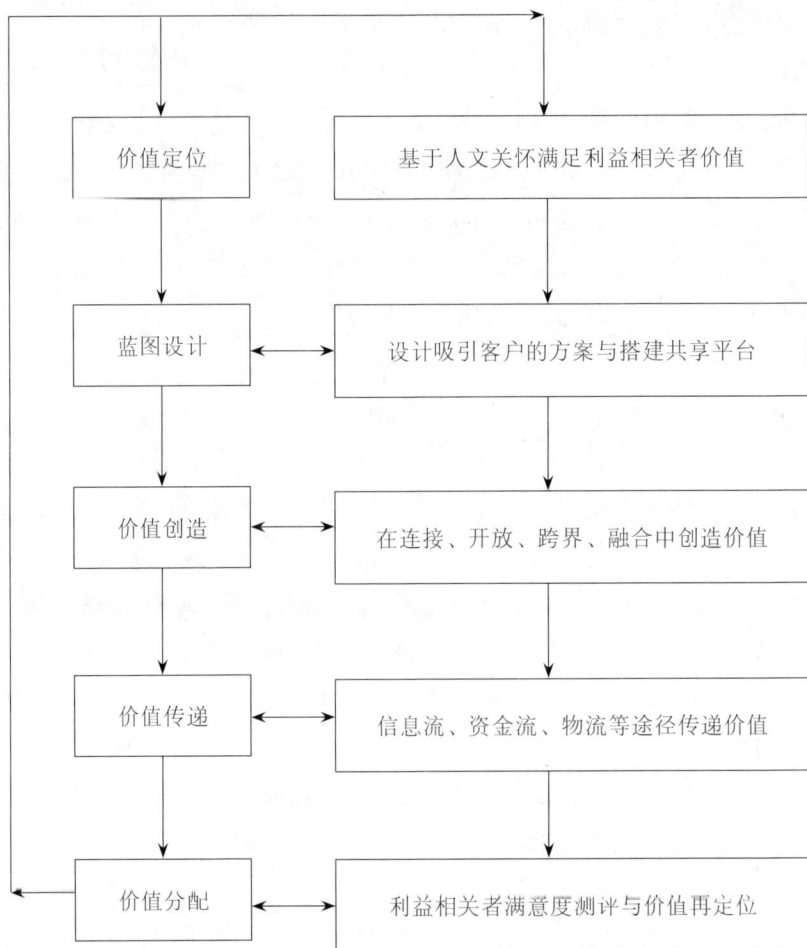

图 2-6 基于人文视角的"互联网+"时代商业模式模型

（3）基于人文视角的"互联网+"时代商业模式的解析

第一，价值定位——基于人文关怀满足利益相关者价值

基于对利益相关者的考虑，企业依照帕累托最优原理，确保没有任何一方利益相关者因企业变革使得现有的福利水平受到影响。"互联网+"使得普惠经济的特性表现得更加明显，以人为本、人人受益是其快速发展的动因。"互联网+"使得信息传送更加便捷，人的一言一行、一举一动几乎暴露无遗，洞察人性"黑箱"的灰色地带也随之缩小，人的个性更容易被识别，尤其是心理的隐性内容也不同程度地被暴露在阳光之下。古人讲，要想人不知，除非己莫为，大数据时代几乎没有什么

秘密可言，这也使得狭隘、自私、卑劣等阴暗心理无藏身之处，可见，不论是营利的企业，还是公益的社会组织，奉行人文关怀价值取向几乎是有意无意的必然选择。"互联网+"连接到人、服务于人、人人受益。"互联网+"的实质是其结构要素及其智能连接方式。连接一切是随时按需自然发生的，核心是人的信任，敬畏人性是"互联网+"走向未来的根本。所以，"互联网+人"是"互联网+"的起点和归宿，是"互联网+"文化的决定因素。"互联网+"就像一种机制、一种新的协议、一种博弈模式，会激励这些智慧个体放大人力资本，并产生交互、跨界与协同，获得智慧化生存的体验。因而，权力向传统的消费者让渡，客户参与创造、产销融合、圈子社群化、分享创造价值、责任约束将大行其道，尤其是重塑结构导致关系结构的变迁，摧毁了固有身份，如用户、伙伴、股东、服务者等在一定条件下可以自由互换。互联网带来的传播方式的现代化，使得地理距离暂时"消失"了，每一个互联网用户都是处于一种交互主体的界面环境之中，人与人之间可以直接地、方便地、低成本地沟通和交流，这将对整个人类的商业活动和生产形成极其深刻、广泛的影响。从一定意义上讲，互联网已经成为一个能促使人自由、全面发展的良好环境。[120]

对个人而言，"互联网+"更多意味着一种体验、一种社交、一种生活方式，而对社会而言，连接更多是一种互动、一种效率、一种价值。马化腾深切地感受到，这两年移动互联网手机成为人的一个电子器官的特征越来越明显，这是前所未有的。移动互联网环境下，用户会有新的价值诉求，就要有新的玩法、新的连接方式。人是最重要的连接要素，连接了人，才能产生交互，才能产生黏性，才能释放需求，不仅于此，人是最能动的因素，是社会化、群体化的个体，他们都会交互、分享、推荐，这才使得连接一切真正成为可能。连接是对话，是交互，是关联，是合作，是思维，是生活，是融合。腾讯基于人性，敬畏人性，把和人、人性相关的工作做透，做他们O2O的连接器，做他们与大千世界和多彩未来的连接器。一个好的互联网公司，一定是既重视技术，又不偏废人文的。否则，很难持续不说，更不要提引领社会责任了。腾讯首席探索官的中文名字是网大为，网大为认为，公司未来首先要考虑人性,看他们面对未来的怕与爱。其次,是寻求合适的技术与合作者,而寻找这些伙伴的最重要标准,就是看其是否给人类生活带来好的改变,让世界更美好!腾讯秉持的是一切以用户价值为依归的理念。

第二,蓝图设计——设计吸引客户的方案与搭建共享平台

在互联网时代,传统的价值链中以供给为导向的商业模式在逐渐走向消亡,以需求为导向的互联网商业模式和价值创造正在出现。互联网改变了交易的时空,加快了交易速度,减少了中间环节,这种改变具有颠覆性。诺基亚的风光不再,苹果与小米的神话等无数例子说明,"互联网+"时代的商业模式,需要让厂商与消费者连接,需要让消费者参与价值创造。"互联网+"时代供需双方形成社群平台,以实现其隔离机制来维护连接红利。知乎网是一家社交型问答网站,于 2010 年开放上线,其灵感来自于国外社交问答网站 Quora,它融合了 Twitter 的关注方式、Wikipedia 的协作编辑和 Digg 的用户投票机制,并创新性地将这些现有 Web2.0 产品的分散功能重新组合。知乎网不仅是一个提供问答服务的工具,一个基于"弱关系",由相同兴趣、话题、问题的用户组成的社区,更是一个兼具社交和知识分享的 UGC 平台,其创始人周源说:"我们每个人都掌握其他人不知道的知识,我们又依赖于别人提供的各种各样的信息来进行决策。这就需要一个很好的方式,将信息、知识、见解、经验分享出来,知乎网可以成为这样一个平台,可以让人聚集在一起,让他们可以彼此沟通,把有价值的信息链接起来,从个体知识变成群体知识。"知乎网用户最根本的需求是,追求高质量的答案和内容。因为每个人的知识储备都存在盲区,用户"无知"的部分总希望通过提出问题的方式得到答案,解决自己的问题。知乎网不同于传统的问答和搜索引擎,在知乎网不论提问还是回答,其问题和答案都有严格的标准,屏蔽一些"垃圾问题",同时通过投票机制对劣质的答案进行了过滤。因此,用户可以在知乎网上得到精准满意的答案,满足了其对知识探索的需求。推进这件功德无量好事可持续发展的根源是人性中向善的一面,就是人类具有主动知识溢出的动力。克莱·舍基的《认知盈余》这本书,定义的认知盈余是指受过教育并能够自由支配时间的人,他们有丰富的知识背景,同时又有强烈的分享欲望,这就是说,人都有

主动溢出知识的表现欲，这也是人类社会不断发展的动力之源，即使在特殊的背景下，人类不愿意主动把知识外溢，但是，从总体看，知识溢出的主动性是肯定的，尤其在互联网时代，需要搭建一个平台来进行双边互动，就是双边市场的社区平台模式。

第三，价值创造——在连接、开放、跨界、融合中创造价值

互联网时代价值创造的载体从单一的机制链转向价值网络，在连接、开放、跨界、融合中创造价值。互联网在发展之初是生产工具，是生产能力的重要载体，但是，其慢慢变为生活的一部分，最终融入了生活的本身。"互联网+"在经济、社会生活各部门的应用过程中，对我们改变最大的，就是在人与人之间、人与物之间的社会网络关系。这种连接的实质是人脉、关系与信任的建立，是社会资本的积淀，其背后闪烁的依然是人性的光芒，没有深厚的人文内涵，没有深厚的德行修养，就难有人格的魅力，自然也就没有声誉的累积，而"互联网+"给人们在开放中缔结善缘、积善成德提供了便利，一旦建立这样的信任关系，就会减少交易成本，就会有助于打破壁垒，广泛渗透到生产和交换的关系当中，就会在融合中创造价值，在颠覆性的变革中增加价值。工业时代厂商组织是在价值链内部通过一系列的活动完成价值创造的。互联网时代，技术与市场依然是关键因素，但是更加注重价值创造与顾客的密切关系。厂商可以通过在社群中获得的资源来创造价值，或者通过它创新得来的生态系统来创造价值或获得成功。厂商需要顾客作为价值创造的来源，其也是价值创造过程的一部分。互联网时代价值创造的逻辑，主要有五条：（1）通过跨界产生效能。（2）通过客户体验产生效能。（3）传播方式的去中心化和碎片化。（4）通过市场出清产生效能。（5）厂商通过脱媒产生效能。"互联网+"就是连接一切，利用物联网技术可以大大提高生产效率。据报道，以养鸡专业户为例，夫妻两人最多养5 000只鸡，现在利用物联网技术一个人可以养1.5万只鸡，把手机带在手边，可以了解鸡舍情况，一按键就可以把雨窗降下来，自动投料、调节风扇降温、晚上开灯等项目都可以"一键"搞定。以后，连接的广度与深度将成为"互联网+"发展程度的主要指标，连接指数将是衡量"互联网+"发展层次的重要参数。

第四，价值传递——通过信息流、资金流、物流等途径传递价值

杰里米·里夫金是美国知名的"新经济学家"，他在《第三次工业革命》中提出的"后碳时代可持续发展经济模式"获得了理论界与许多国家领导人的肯定。他认为，资本主义时代正在流逝，"协作共同体""协作经济"，即一种混合经济将要出现，它们产生协同效应，彼此增值，同时让自己受益，以分享为基础。随着时间的推移，这种共享、分享式的协同经济越来越繁荣，几乎以"零边际成本"在增长，这是最具生态效益的发展模式，也是最佳的经济可持续发展模式。"互联网+媒体"，使得自媒体中心原子化，信息自传播，大众参与、大众共有，信息来源多元化。以社群为中心的信息平台模式既传递价值，又创造价值，这是"互联网+"时代的商业模式独特的关键要素[121]。"互联网+"不断渗透到生活、工作的方方面面，极大地降低了整个社会的交易成本，提升了运营效率。初创于1999年的阿里巴巴，经过15年时间，于2014年9月在美国纽交所上市，成为全球第二大互联网公司，从其发展轨迹来看，其得益于不断形成的信息、资金、物流等要素形成的商业生态及其投融资支持体系。阿里巴巴商业模式的要素运行机制进一步验证了互联网时代价值网络价值传递的集成化与系统化，标志着阿里巴巴全球化、平台化、开放化和数据化的电商运营模式不断成熟。

第五，价值分配——利益相关者满意度测评与价值再定位

强网络效应能够产生"赢者通吃"的现象，减少了利益相关者的选择意愿与机会，降低了可替代选择的吸引力，对企业而言，把蛋糕做大，才可能多分享价值。商业模式可以看作企业之所以能创造独特价值的核心逻辑。领先的商业模式是自己能够复制自己，别人很难复制。文化元素就是难以复制的，因为其建立在特殊的企业发展历程与企业领头羊的风格基础上。强生公司的成功是始终强调利益相关者的利益：医生、护士、医院和消费者。世界药品领头羊默克公司，非常注重人文情怀，创始人的儿子告诉他的员工："要永远记住，药品是为人而制的，而不是为了利润，利润是随之而来的。如果我们牢记这一点，我们就不会失败。我们记得越牢，效益就会越好。默克的目标是：保障和提高人们的生活水平。"在新经济背景下，经营环境远不如过去宽松，对利益

相关者的利益格局再安排以及重新确立与它的交易关系是一个重要的命题。互联网的本质就是连接一切，打破行业边界进行跨界创新是互联网时代商业模式创新的一个重要思路，智译通公司是面向全球市场的专业内容管理与语言整合服务供应商，在全球拥有 2 000 多名笔译专家，可以提供 69 种语言的翻译和 80 多种语言的桌面排版及本地化服务。这家公司从满足利益相关者需求的角度进行商业模式的定位与创新，从利益相关者的痛苦入手，剖析其与利益相关者之间的痛苦，帮助他们找到行业的痛苦点，继而创新商业模式。口译行业痛点分析见表 2-6。

表 2-6 　　　　　　　　　　**口译行业痛点分析**

利益相关者痛苦点
海外同行可用性、交货及时性、质量稳定性
企业寻找到可靠供应商、质量
译员是否及时得到付款、工具使用
多媒体工作室技术处理能力、语言种类不多
口译服务公司没有足够的大客户、业务量少、资源缺乏

通过诊断调研发现口译服务资源呈碎片化分布，需求方在采购时搜寻和甄别所支付的时间成本太高，导致难以对服务的采购和质量进行高效管理，会务管理服务企业以及对语言服务有大量长期需求的大型企业已经意识到服务整合与服务需求外包管理的重要性，整合管理不但关系到企业的运作效率，在全球一体化加速的今天，甚至影响到会务服务企业和跨国企业商务核心能力的构建。于是，一个全新的平台出现了，该企业从整个生态圈的利益相关者出发，整合外语院校与人才培训、翻译协会、口译人员与口译服务需求方的价值，矢志打造最具成长速度的口译商业模式。7×24 小时在线提供多语种口译服务，充分发挥全球口译人才的价值，降低客户寻找服务供应的时间成本，实现跨地域互动，强化世界范围内的劳动关系，为全球的口译人才提供一个交流、对话、提升的窗口[122]。

3 环保企业商业模式理论研究

3.1 宏观调控背景下商业模式创新的机理研究

3.1.1 调控释义

调控在汉语中是"调节、控制"的意思。"调节"相对于"控制"而言，显得刚性较弱。在平行主体之间利益冲突或者是利益分割不协调时，往往需要有个中介或中间人来进行协商，目的是达成意见的一致。而"控制"往往针对具有上下级关系，或者主体之间具有强弱之别的情形，其隐含的假设是，控制的实施者拥有可以实施控制的资格或者能力，否则，控制也是一句空话。可见，"调控"的含义，既有柔性的一面，也有刚性的一面，可以是道义的劝告，也可以是管制奖惩，可以发轫于经济领域，也可以实施于社会领域。不过，一般多用于经济范畴，期望社会经济健康可持续发展。调控在经济领域，特别是产业政策方面，和管制经济学比较一致。政府规制活动，有经济性管制和社会性管制之分。经济性管制主要关注企业进入与退出某行业和企业定价等方面的作用，重点针对具有信息不对称、自然垄断等特征的行业。具体经济性规制策略为：可以通过发放许可证，实行审批制，或是制定较高的进入门槛来实现对某行业企业数量的管控；可以实施费率规制，对所规制企业的产品或服务定价进行规制；可以对某种产品的质量或产量实行控制。社会性管制主要对付经济活动中发生的外部性，制定有关政策，以确保居民生命健康安全、防止公害和保护环境为目的所进行的规制，具体手段主要有设立相应标准、发放许可证、收取各种费用等。

3.1.2 宏观调控之必要性解析

亚当·斯密被誉为"现代经济学之父"，尤其他的"看不见的手"原理被广为引用，几乎是市场神话的代名词。经济学家詹姆斯·托宾说："（看不见的手）……是史上最为伟大的思想之一，也是最有影响力的思想之一。"在亚当·斯密去世一百年后，另一位经济学巨人马歇尔在《经济学原理》中写道："斯密是头一个就其社会各个主要方面论述财富的人，单凭这个理由，他也许有权被视作现代经济学的奠基者。"[123]萨缪尔森在其广为流传的教科书《经济学》（1948年初版）中指出："那个精明的苏格兰人被他所认识到的隐藏在经济体系内的秩序所震惊，他宣布了这一'看不见的手'的神秘原理：每一个人好像受到一只'看不见的手'指引，只是追求对其个人有利的东西，却取得了对所有人都有利的结果。"[124]

然而，"囚徒困境"说明，从各自最大利益出发的决策者，没有实现总体利益的最大化，也没有实现个体利益最大化。该博弈揭示了从个体利益出发的行为往往不能实现团体的最大利益，甚至会得到相当差的结果。英国剑桥大学历史与经济中心主任艾玛·乔治娜·罗斯柴尔德曾公开否定"看不见的手"原理。这只"看不见的手"有时未必是一只正义的手？有时会变成为一只肮脏的手？在现实经济生活中，"看不见的手"是一只有缺陷的手，当它的缺陷被人有目的地利用的时候，其就很可能变成一只肮脏的手。经济学家贾格迪什·巴格瓦蒂曾经研究认为：分工能够增加生产，不过，增加的产品在进入市场后，会造成供大于求，使价格下降，所换回的财富总量比分工前还要少，而大部分的好处却被别人拿走了，这就是"贫困增长"的结论。这个理论告诉我们，"看不见的手"确实在一定的条件下，成了攫取他人财富之手。其更有可能成为肮脏之手。1992 年索罗斯冲击英镑，他本人赚走了 10 亿多美元。东南亚金融市场被他冲击后，当地经济一夜之间回到了起飞前。可见，"看不见的手"不能自发地实现利益主体的和谐共容，不论是一个世界、一个国家，还是一个地区、一个家庭。至此，可以回答为什么经济领域，乃至社会生活中需要宏观调控。其实，经济发展史也回答了这个问题，资本主义国家 1929—1933 年的经济危机，以及后来出现"滞胀"的经济难题，难以用自由放任的"看不见的手"原理来解释，尤其是随着工业化程度的加深，环境污染严重，自然资源紧缺，公众对此忧心忡忡，政府这只"看得见的手"呼之欲出，以解决市场失灵问题。

理论的产生是时代发展的产物，这符合历史唯物主义的观点，凯恩斯就是那个时代具有非凡洞察力的经济学家，他提出了宏观调控理论，成为这个理论的代表性人物。他认为，为了保证社会再生产协调发展，国家综合运用各种手段对国民经济进行调节与控制是必要的，也是国家管理经济的重要职能。抽象意义的宏观调控是长期的，不过，宏观经济政策则具有短期性。基本手段包括：颁布实施宏观经济调控基本法律；制定临时措施法；颁布指引性政策和实施优惠政策；提供信息服务和劝导服务；惩罚违法行为予以纠偏。

3.1.3 关于宏观调控背景下商业模式创新的机理分析

1. 商业模式概述

2005 年《经济学人》杂志的一项调查表明，50% 以上的跨国公司高管认为，商业模式比产品更为重要。人们已经形成共识，企业之间的竞争，不仅仅靠产品，而更多地靠商业模式。商业模式这个话题既古老又年轻。在古代，虽有商业模式朴素的内涵，却没有明确的称呼。日本学者三谷宏治（2016）指出，从远古到 1990 年前后，商业模式的概念及其相关术语，对日后诸多方面起到决定性作用，但是，使用这些概念的人却寥寥无几。1991—2001 年，商业模式及其术语得到蓬勃发展。

1998 年，商业模式本身也作为一种专利出现，例如，Priceline 的逆向
拍卖模式。无论企业家、投资者，还是媒体，都对商业模式表现出极大
的兴趣。2001 年之后，"商业模式"并没有随着网络泡沫的崩溃而消
失，由于它回答了"竞争优势持续性"及"革新的源泉"两个问题，竟
然比以前更受学术界与实践者的关注。随着信息技术飞速发展与全球经
济一体化进程加快，商业模式理论在此背景下迅速发展起来。不过，对
于商业模式到底是什么，至今还没有形成一致的认识，有的理解过于宽
泛，有的则太狭窄，有的是一般的抽象，有的具体到行业，这些概念有
些复杂，甚至迷乱。可见，探索商业模式的本质属性，已经成为十分迫
切的任务。作为一个专门术语，"business model" 首次出现在 1960 年
Gardner M. Jones 的论文标题中。20 世纪 90 年代后期，随着互联网技术
的飞速发展，新信息技术给商业模式理论与实践的研究注入了新的活
力，商业模式研究的热潮真正到来。Timmers（1998）认为，商业模式
所描述的包含了各种商业活动的参与者及其潜在的利益。Dubosson
（2002）分析商业模式着眼于顾客价值，为企业及其合作伙伴产生可赢
利且可持续的收益流。Teece（2010）强调商业模式是企业如何为顾客
创造价值，并传递价值，从而实现企业利润的商业逻辑，他认为商业模
式是一个关于商业的概念化表达，而非财务化的模型。[125] Boulton 等
（2000）指出，商业模式是企业有形资产与无形资产的独特组合，并使
得企业有能力创造价值。由以上文献可见，商业模式是价值创造与价值
实现的商业逻辑。商业模式的本质是为了揭示构成元素的利益诉求，进
而分析它们之间可能形成的交易模式。

2. 宏观调控背景下商业模式创新的机理分析

基于以上对商业模式概念的理解，那么商业模式创新就是创造一个
新的商业模式的构成元素或者改变要素间的交易关系，从而产生可持续
的竞争优势。在宏观调控的背景下，商业模式创新机理就是要分析具体
的政策如何影响商业模式要素及其交易结构的，下面进行具体阐述：

（1）宏观调控的目标影响着商业模式的内驱动机

政府的宏观调控有时是为了促进一个新兴产业的发展，此时，可能
解决有与无，或者是多与少的问题，于是表现为财政支持力度比较大，

而反应敏锐的企业，当采取先发优势、抢位战略，此时设计商业模式主要的目的是适应产业成长的需要。例如，早期互联网和电子商务的发展。此时设计的商业模式或许有先天的不足，但是可以获取资金的支持，可以弥补亏损，依然表现为盈利。但是，如果不及时修正与完善商业模式，或者不主动创新商业模式，随着产业成熟与竞争加剧，这个商业模式早晚会被淘汰。

（2）宏观调控的方式决定着商业模式创新的路径

宏观调控与市场经济的本质目标是一致的，就是追求社会资源的优化配置，以实现资源的最大化利用。当产业发展成熟以后，资源的粗放增长必然让位于集约式增长。据调研，小煤矿的生产是低效率的，这种经营模式必须改变，而企业的商业模式也必须转型，不仅要在要素方面，而且还要在结构优化方面下功夫。

（3）宏观调控背景下商业模式要创造生态小环境

研究表明，商业模式创新不是被动地适应环境，还要主动去创造环境。在互联网发展日新月异的今天，企业不是被动的市场适应者，而应该是市场驱动者，要主动去营造适应企业发展，乃至行业发展的生态环境。例如，网上支付等新型商业模式的出现，颠覆了传统金融模式，这就是创造新的生态环境，不仅具有先发优势，而且具有引领优势，驱动行业发展，也就营造了可持续发展的长效机制。

3.2 环保产业商业模式研究

3.2.1 环境与环境治理

资源耗竭、环境污染与生态破坏已经成为制约经济社会可持续发展的瓶颈，也成为危害人类生命健康的重大问题。所以，保护环境是政府面临的最迫切问题之一。改革开放近 40 年，中国经济迅速发展，已经成为世界第二大经济体。但是，为此付出的代价也非常大，环境治理与经济发展的矛盾日益突出。因此，我国政府在不断加大环保投资。据统计，2009—2012 年我国环保投资合计 2.3 万亿元，拉动环境污染治理及设施运行费用达 7 800 亿元。加大环保投资是解决环境问题的必要条件，不过，关键还在于确定环保资金的来源、投入和运作效率。企业是资源能源的主要消耗者，也是环境污染的主要制造者。由于环境资源是公共物品，而环境治理又具有外部性，加之环保投资周期长、效益低，企业投资积极性不高。政府必须进行环境管制来解决市场失灵的问题。研究指出：政府环境规制强度显著影响企业环保投资行为；企业环保投资行为通过技术进步影响企业价值；企业环保投资效率通过技术效率影响企业价值。[126]

政府需要不断探索行之有效的办法来解决环境问题，既要考虑刚性的环境规制手段，又要探求长效机制来解决环境外部性问题。一个有效的方法就是环境成本内部化。环境成本内部化是指企业通过增加环保投资，降低乃至消除企业产品生产环节和消费环节对环境所产生的污染与破坏，目的是从源头上降低乃至消除污染，让企业主动承担环境污染的成本，达到净化、保护环境，促进可持续发展。由于造成环境污染的主体只承担了环境成本的一部分，而大量的外部环境成本却由污染主体以外的社会公众和政府最终来承担，环境污染主体承担的环境成本小于社会环境成本，所以，企业理应承担这部分成本。环境成本的负外部性对应着以末端治理为主的环境治理方式，与从源头上减少污染的源头治理方式，如截污技术、清洁生产技术等相比，末端治理的花费大、效果差，且分摊环境成本的规则也不符合"谁污染谁治理"的原则。[127]

3.2.2 环境治理业商业模式研究述评

商业模式是企业成功的一个首要条件。环保企业商业模式是指环保企业包含的系列要素及其关系，用以阐明某个特定环保企业的商业逻辑。袁栋栋（2014）指出，我国环保产业的发展主要历经了四个阶段：以设备制造业为核心；以工程建设业为核心；以投资运营为核心；综合环境服务商。环保产业从价值链细分视角看，上、中、下游分别对应环保设备制造、环保基础设施及环保设施运营。从处理对象的角度可以分为：污水处理，固体废物处理和大气污染治理。我国污水处理企业主要分为投资运营型、水业运营型、水业投资型及工程、技术、设备提供型四种模式。固体废物处理企业可分为政府主导型、工程投资运营型和专业投资运营型。大气污染治理企业主要集中于上游的脱硫、脱硝、原料提供和除尘设备以及下游的运营环节。在国家政策驱动下，环保产业将从单一产业链向全产业链发展。新的商业模式将培育出综合环境服务商和环境解决方案提供商。[128]

计春阳、李耀萍（2016）指出，"互联网+环保"已经融入社会生活的各个方面。利用互联网技术，可以促进虚拟经济与实体结合，加快线上线下互联互通，且已经形成了以互联网技术为驱动的新商业模式，极大地促进了新的经济增长模式的产生。"互联网+环保"就是将互联网应用到环保产业中，打造平台模式，提升环保业互联网服务平台的效益。文章通过案例分析，认为环保产业O2O商业模式的发展趋势是：服务平台专业化、地域化发展；环保产业O2O模式在环保产业的应用将更加宽泛；将产生"环保O2O+供应链金融"发展模式；基于移动社交平台将产生环保O2O服务体系。[129]

有效的商业模式是企业成功的关键。"客户价值主张、关键资源、关键流程与盈利模式是四个密切相关的要素，能够为企业创造价值并传递价值。"客户价值主张的内容是：目标客户；要完成的工作；要提供的东西。盈利模式由成本结构、利润模式、收益模式及利用资源的速度构成。关键资源包括人员、技术、产品、设备、信息、渠道、合作伙伴、联盟及品牌。关键流程要能够使客户价值主张的传递方式具备可扩展性和重复性。成功企业都会将这些要素以持续一致、互为补充的方式联系在一起，并形成相对稳定的体系。因为商业模式创新遵循的不是分析逻辑，而是建构逻辑。要从自己的战略定位出发，解构外部环境，分析顾客价值来寻找市场缝隙。然后，整合外部资源来逐步建构自身的能力，并推动产业新系统或新业态的形成。其次，商业模式创新不应囿于既有的业务边界，应拓展业务边界，努力在企业业务边界以外发现新的需求，通过与不同的利益相关者建立利益和交易关系来扩大利益共同体，从而构筑以自己为核心的商业生态系统。互联网时代的商业生态要强调价值共创和竞合关系。因为，商业模式创新的优势更多地来源于商业生态系统，需要协同上游和下游的利益相关者。变革甚至颠覆既有的价值逻辑，构建局部闭环的价值逻辑，在愿景认同的前提下构建利益相关者共赢和价值分享的链条，最终构建基于商业生态系统的竞争优势。[130]

陈薇（2015）以 A 民营燃气公司为例，研究了该公司的商业模式创新问题。她认为，企业在设计商业模式时，要分析自身条件和外部宏观环境。这是外部市场机会与企业内部资源能力耦合的过程，也是一个不断试错的过程。文章从客户价值主张、盈利模式、关键资源和关键流程四个方面对 A 民营燃气公司现有商业模式的要素进行剖析，发现存在的主要问题是：收入来源单一，收入有不可持续的风险；公司建站选址的整体布局有待优化。提出新商业模式设计的思路是：开源节流，提高经营效益；加快新气源的开发；做大下游销售，稳健地扩大经营规模；提高用户满意度，树立良好的公众公司形象，实现股东价值最大化。从商业模式要素构成的视角，对 A 民营燃气公司的新商业模式进行设计。实施新商业模式时，应统一思想，加强企业文化建设，提高企业凝聚力；调整公司组织架构，对核心骨干人员实施多方面激励，让核心人员充分体现其个人价值；改善员工福利，提高员工收入。在新商业模式实施之前，应确保公司在新旧商业模式的过渡过程中是合法合规的。目前政府通过新建项目核准、价格核准、气源分配等方式对本行业进行监管，投资者难以自由投资该行业，形成事实上的进入壁垒。此外，任何商业模式都离不开公司财力的支持。A 民营燃气公司需保证新商业模式实施所需的启动资金，且要求投资企业要有较强的经济实力。为此，应控制成本费用，完善风险控制体系，要与多家银行建立良好的合作关系，需积极签订购气合同，确保稳定长效的气源。[131]

余花龙（2015）从新能源汽车角度来研究其商业模式问题。他指出，近年来，我国新能源汽车实现了巨大的突破，但与国际上其他新能源汽车发展较快的国家相比，仍有很大差距。新能源汽车产业的发展有技术创新驱动和商业模式创新驱动两条路径。他着重分析了分时租赁新能源汽车商业模式；从价值链的角度出发，对分时租赁商业模式的价值链进行分析；构建了分时租赁商业模式的价值网络；将价值网络的理论分析和商业模式的主要成分分析法进行融合，提出了包含六个方面的评价指标体系；最后以杭州市"微公交"分时租赁商业模式作为评价对象，基于此，对我国新能源汽车分时租赁商业模式的发展运营提出了一些建议。[132]

孙友庆（2015）研究了节能服务类企业的商业模式，探讨如何构建其核心竞争力，这对推动节能环保新兴行业的发展具有重要的现实意义。文章的主要内容是以南京苏商新能源科技有限公司的企业经营与发展的战略规划为背景，通过对该企业商业模式的分析，研究企业关键能力的构建，由此提出构建与完善企业核心竞争力的策略。[133]

以上几篇文献主要的分析思路是：先界定商业模式的内涵，比较一致的理解是，厘清商业模式核心构成要素，并依要素构成的逻辑关系来解构商业模式。然后，具体联系行业或企业的实际，分析该商业模式存在的问题，基于问题提出解决对策。在分析具体商业模式的运作模式时，多联系互联网技术来剖析给商业模式带来的新机遇、新商机。据此，分析在互联网背景下的新商业模式及其运作机理。不少研究者认为，在互联网背景下，价值链让渡给价值网络，企业价值实现要更多地考虑企业相关者的商业生态价值，以及商业生态中利益相关者的价值实现问题。

3.2.3　利益相关者视角下的环保产业商业模式研究

"商业模式包含一系列要素及其关系的概念性工具"，用于阐明价值实现的商业逻辑。这一系列要素构成了为客户提供价值的内部机构，包括合作伙伴网络和关系资本等方面。目的是产生可持续、可盈利的收入，并保持竞争优势。国内有代表性的商业模式概念，是魏炜和朱武祥（2011）的定义。他们认为："商业模式是利益相关者的交易结构。"利益相关者包括企业内部员工、供应商、合作伙伴及顾客等，他们在商业活动中实施价值交换，形成了活动连接的价值网络。Alexander Osterwalder 在《商业模式新生代》中提出了商业模式的九大因素：用户细分、价值主张、核心资源、关键业务、渠道通道、客户关系、重要合作、成本结构、收入来源。这九大因素可以分为四大类：客户价值、盈利模式、客户关系及关键资源能力。"魏朱"商业模式提出的要素是：定位、业务系统、关键资源能力、盈利模式、现金流结构和价值。其实，这六个要素有的是具体的意义，有的是抽象的意义。不过，它们之间却有包含关系，例如，盈利模式是否包括关键资源能力，价值是否包括现金流结构。如果进一步梳理，可以概括为定位、业务结构、关键资源及价值四个要素。简单地说，商业模式就是赚钱的机制，赚谁的钱、如何赚钱、如何持续。或者说，价值定位、价值生产及价值分配三个方面是商业模式的一般流程。

企业商业模式创新要研究其动力机制与可行路径。动力机制或来自于内部，或来自于外部。来自于内部源于对利益的追求与企业家偏好，或是自我实现的需求。外部因素源于技术推动、需求拉动与竞争逼迫。路径选择主要是创新方向、创新程度与创新要素等方面。企业作为一个系统是由各种价值活动组成的。创新路径是优化可利用的资源，改善各种构成要素的结构关系，就是改变企业价值创造的逻辑，故商业模式创新就是对其价值创造逻辑的改变。[134]

对于环保企业而言，分析其商业模式，也要剖析利益相关者的交易结构。利益相关者是指"那些能够影响企业目标实现，或者能够对企业实现目标过程产生影响的任何个人和群体"。（Freeman，1983）这些利益相关者包括消费者、企业股东、环保团体、社会公众、各级政府等。不过，不同的利益主体之间存在着利益诉求的矛盾，在处理环境污染问题方面就是一个例证。企业追求自身利益最大化，特别当他们仅仅关注经济利益最大化时，未必能促进社会福利的提高。从博弈论的视角来看，环境恶化是一种"公地悲剧"现象。由于不同利益相关者对改善环境的关注程度及其绩效点不同，由此会导致各个利益主体之间的博弈。而企业最终所采取的环境治理措施，往往是各利益主体不断博弈的综合结果。[128]

企业是自主经营、自负盈亏的经济主体。在理性假设的条件下，会做出有利于自己的决策，努力追求利润最大化。政府是社会公共利益的代表者与监管者，谋求社会福利的最大化是其追求的目标。企业与政府面对环境污染问题时，企业或许认为其他企业不采取措施，自己若投资去减少污染，所付出的成本或许难以收回，于是会犹犹豫豫，甚至拒绝采取"环境污染内部化"举措；而政府往往会迫于公众的压力，面对环境污染，尤其是比较严重的污染，污染现实与舆论的谴责会扑面而来，于是要迫切寻求解决对策，否则，其形象将大大受损。可见，面对环境污染问题，企业与政府所追求的目标存在不一致。那么，企业与政府所持的立场也就不同。政府既要保护企业投资的积极性，又要营造公平的竞争环境，且注重维护公共福利，这样政府和企业之间就存在着博弈。政府会估计到，企业可能会逃避其本该负责任的环境成本，于是，必须通过监管来提高企业治理污染的可能性。针对环境污染治理问题，不同区域的政府间以及不同层级的政府间也会产生博弈。例如，中央政府与地方政府之间、地方政府之间存在博弈。当中央政府和地方政府追求的目标不完全一致时，地方政府会利用信息不对称，特别是那些"天高皇帝远"的边远地区，"虚假执行"中央政府所设立的政策，这就是所谓的"上有政策，下有对策"。要有效遏制环境政策执行中背离社会福利最大化目标，应改变对地方政府以经济利益为主的绩效考核体系，应进一步完善监督及信息反馈。如果两个平级的地方政府参与环境污染博弈时，（不治理污染、不治理污染）为博弈均衡策略，那么此时就需要中央政府干预。同样的道理，企业之间面对环境污染问题的博弈时，其均衡策略也是不治理，此时就需要政府介入，制定相应政策，促进帕累托均衡的实现。

面对环境污染及治理问题，消费者与企业之间也存在博弈。消费者对环保品质的关注度及敏感度，反过来也会影响企业生产决策的选择。随着生产力的不断发展及社会进步，消费者对品质生活的需求与日俱增，包括对美好环境的偏好。厂家以消费者的需求为导向，相应地会改变生产函数。不妨把消费者对环境的敏感度分为高、中、低三种，这三种不同类型的消费者，其购买行为也会有很大差别，从而导致厂商采取差异化的生产政策。

政府面对环境污染问题应该发挥怎样的作用呢？早在1990年，厉以宁就指出，企业、居民户和政府（中央政府和地方政府）应分担环境治理费用。不过，政府应当承担的是追加的环境治理费用，基本的部分还是应该由污染的主体来承担。政府承担的更多是政治、法律、行政、生态和道德等责任。可见，政府针对环境污染及治理，应根据需要及时出台政策，增加制度供给，对企业环境成本内部化行为给予激励，促使企业环境成本内部化。具体来看，主要是对企业排污的限制以及制定配套处罚措施，这些规制–激励政策会对企业经营决策产生导向影响。在此方面，理论界也有三个观点：污染天堂假说、要素禀赋假说和波特假说。污染天堂假说认为，假如环境管制严格，势必会增加企业的生产成本，理性的企业行为是倾向于选择到环境遵守成本低的国家或地区去经营。当然，也要权衡利弊，进行综合成本效益核算。要素禀赋假说认为，企业投资的积极性取决于资源禀赋优势带来的收益与企业遵守环境管制的成本大小。波特假说则认为，政府管制会促进企业进行技术创新，从而提高企业竞争力。可见，这些观点把政府制度供给与企业选择是否投资综合进行考虑，最终取决于综合利益的权衡。在此方面，有实证结果显示，政府规制可以有效地降低环境污染程度。利益相关者对企业的环境绩效诉求点不同，从而影响环境治理成效已被学术界和实务界广泛接受。

商业模式创新是价值创造核心逻辑的解构与重塑，所以，价值链环节的创新，涉及价值链上下游企业的合作，为此，利益相关者应该协同改善价值链各个环节可能为价值增值做出贡献的节点，尤其是关键节点，甚至要拓展到边界以外的价值网，综合考虑环境绩效。

对商业模式的理解，比较一致的观点认为，商业模式是价值创造的逻辑。据此，价值定位、价值创造与价值分配是其基本的逻辑，所以设计的概念模型是依此逻辑关系的。环境治理业商业模式的定位取决于来自激励与约束的平衡力量。政府为了鼓励某产业的发展，或者激励企业主动采取投资措施进行环境污染防治与治理，可能会采取财政税收金融政策，给予企业支持，或者是费用的补偿，或者是享受其他优惠政策；反之，如果企业不主动进行环境的治理，则要承担环境负外部性的惩罚，表现为约束。同样，利益相关者参与了价值创造，自然要共享价值成果，如果没有很好的机制来平衡各方的利益，则这种商业模式必定是昙花一现，为此，利益相关者面对环境治理问题，综合博弈后，对环境治理的重新定位，会产生两种影响：一是对环境治理的重视，表现为对核心企业的压力，即约束核心企业采取环境治理措施；二是环境治理的动力，因为采取好的环境治理的价值定位，得到消费者及利益相关者的认同，取得了好的效果，于是表现为激励。

在此过程中，政府通过环境规制发挥激励与约束作用，引导与驱使企业采取环保投资行为。利益相关者对核心企业会施加改善环境的动力及压力，也表现为构建一种激励与约束的机制。这些机制在实践中不断得到合法性验证，得到认知强化，就会固化为一种"规则关系"，进而成为约束企业及利益相关者的"制度约束"，甚至上升为一种"文化自觉"，这样，环保产业的商业模式就有了牢固的可持续发展的认知基础；反之，假设核心企业由于某个触发因素积极投资进行技术革新，进而增加产品的技术附加值，但是，如果得不到价值链其他企业的认同与配合，就将导致成本上升，最可能的结果是提高产品价格。如果消费者对产品的环保品质不敏感或者不关心环境变化，则消费者不会购买。在此，核心企业价值链环节企业及消费者组成了利益相关者集合，集合中任何一个元素，即任何利益相关者的不配合，都将导致均衡被打破。为此，这些利益相关者会在经济利益、社会利益及生态利益等综合利益博弈中寻求平衡，直至实现帕累托最优。利益相关者不断博弈的过程，也是利益重新分配的过程，演进的总体趋势应该是企业经济效益与环境质量均不断提高，环境保护和经济协同发展。基于利益相关者视角的环保产业商业模式分析如图 3-1 所示。

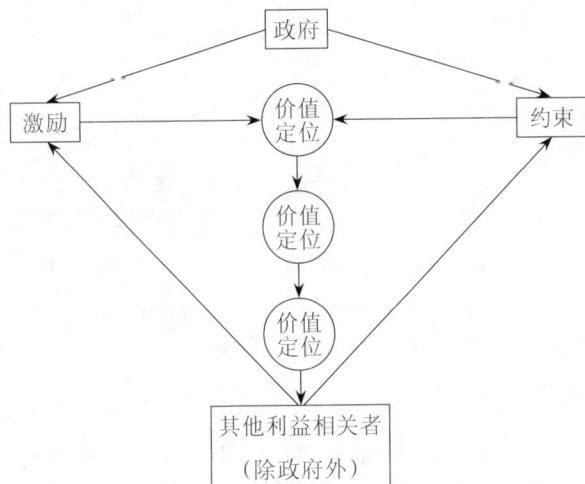

图 3-1　基于利益相关者视角的环保产业商业模式分析图

3.3 关于环保业合同能源管理商业模式解析

3.3.1 引言

随着经济的不断发展，资源供给与需求的矛盾不断显现，特别是能源相对稀缺性不断呈现，能源供给问题成为经济发展的瓶颈。不论在中国，还是在世界范围内，这个问题都存在，而且将长期存在。一方面，能源价格上涨，成本攀升，挤压企业盈利空间；另一方面，能源使用的负外部性成为制约经济社会可持续发展的主要原因。所以，不论是现在，还是将来，能源问题都日趋严峻，节能环保势在必行。不过，节能环保很难形成"文化自觉"，需要借助政府这"有形的手"适时发挥作用，及时出台有关产业政策，积极引导企业节能减排。《中华人民共和国节约能源法》于 2007 年 10 月 28 日公布，同时制定了一系列财税政策。2010 年《国务院关于加快培育和发展战略性新兴产业的决定》颁布，并将节能环保产业列为七大战略新兴产业之首。在《"十二五"节能环保产业发展规划》中，提出要大力推行合同能源管理。合同能源管理被认为是推动节能减排发展最重要和最有效的商业模式。

2016 年 12 月 22 日，国家发展改革委、科技部、工业和信息化部与环保部联合发布了《"十三五"节能环保产业发展规划》，该规划中共有 5 处提到合同能源管理，他们分别是："（1）节能环保服务业保持良好发展势头，合同能源管理得到广泛应用，一批生产制造型企业快速向生产服务型企业转变；（2）做大做强节能服务产业，创新合同能源管理服务模式，健全效益分享型机制，推广能源费用托管、节能量保证、融资租赁等商业模式，满足用能单位个性化需要；（3）鼓励节能服务公司整合上下游资源，为用户提供诊断、设计、融资、建设、运营等合同能源管理'一站式'服务，推动服务内容由单一设备、单一项目改造向能量系统优化、区域能效提升拓展；（4）鼓励银行业金融机构将碳排放权、排污权、合同能源管理未来收益、特许经营收费权等纳入贷款质押担保物范围，推广融资租赁等新型融资方式；（5）探索发展绿色保险，研究开发针对合同能源管理、环境污染第三方治理等的保险产品，在环境高风险领域建立环境污染强制责任保险制度。"[135]

第一处是对十二五期间第三方治理服务模式的肯定，合同能源管理促进了企业制造型向服务型的转变。第二处要求对合同能源管理服务模式进行创新，健全效益分享型机制，满足用能单位个性化需要。从这段表述可以看出，合同能源商业模式创新需要兼顾利益相关者的利益分享机制的创新，要关注各个利益主体的价值实现问题。第三处进而指出，要从价值链视角来考虑商业模式整合问题、系统化集成问题。可见，随着互联网的飞速发展，企业的价值创造已经不是单打独斗的英雄主义时代，需要从价值链，甚至是价值网络的视角来系统思考，整体设计。第四处讲的是拓展金融业务创新的范畴，把合同能源管理纳入贷款质押担保物范围。第五处讲的是从保险产品创新方面来为第三方环境治理建立新的保险机制。可见，合同能源管理作为新的商业模式在互联网时代，已经不是要不要的问题，而是要不断创新其运营模式，可以从价值创造、价值实现及价值分配等方面考虑，不仅要求内部机制创新，还要有来自外部的一揽子配套政策的支持。

3.3.2　环保业合同能源管理商业模式简述

合同能源管理机制的实质是以减少的能源费用来支付节能项目全部成本的节能投资方式。能源管理合同是实施节能项目投资的企业（用户）与专门的营利性能源管理公司之间签订的，它有助于推进节能服务项目的开展。传统的节能投资方式下，节能项目的所有风险和所有盈利都由实施节能投资的企业承担，而在合同能源管理方式中，一般不要求企业自身对节能项目进行大笔投资。这样一种节能投资方式，允许用户使用未来的节能收益为工厂和设备升级，以降低运行成本。

20世纪70年代中期以来，"合同能源管理"（EPC）在市场经济国家中逐步发展起来，这是一种全新的节能新机制、新模式。在美国、加拿大等发达国家，这种节能服务公司发展十分迅速，合同能源管理已发展成为新兴的节能产业。1997年，合同能源管理模式登陆中国。2010年4月，我国正式将合同能源管理纳入国家能源发展政策，

《关于加快推行合同能源管理促进节能服务产业发展意见的通知》由国务院办公厅转发。之后，政策及相关法规文件陆续发布，《合同能源管理项目财政奖励资金管理暂行办法》及《关于落实节能服务企业合同能源管理项目企业所得税优惠政策有关征收管理问题的公告》等文件陆续颁布。[136]

推行合同能源管理有利于高耗能行业的发展，包括钢铁、水泥、煤炭、冶金等八大重点行业。据统计，这八大高耗能行业的单位产品能耗平均数远远超过国际先进水平国家。可见，未来节能服务产业发展空间很大，合同能源管理有广阔的市场前景。目前，很多节能企业从单纯制造节能设备转变为节能投资，国内合同能源管理商业模式得到重视，这不仅有利于节能减排产业的发展，也有利于节能企业自身的成长。合同能源管理在实践中不断完善，逐渐适应中国能源环境。我国政府也给予了高度的关注，许多文件中明确把推广"合同能源管理"作为推进中国节能的重要措施。

"十二五"期末，全国从事节能服务业务的企业总数达到5 426家，比"十一五"期末增长了近6倍；行业从业人员达到60.7万人，比"十一五"期末的17.5万人增长了近2.5倍。节能服务产业总产值从2010年的836.29亿元增长到2015年的3 127.34亿元；合同能源管理投资从2010年的287.51亿元增长到2015年的1 039.56亿元。"十二五"期间累计合同能源管理投资3 710.72亿元，形成年节能能力1.24亿吨标准煤，累计减排二氧化碳3.1亿吨。根据"十三五"节能服务产业发展目标："到2020年，全国节能服务公司数量将达到6 000家左右，行业从业人员突破100万人，节能服务产业实现总产值突破6 000亿元。'十三五'期间，合同能源管理累计投资将超过7 000亿元，实现年节能能力超过2亿吨标准煤，累计减排二氧化碳超过5亿吨。同时，将有效带动节能技术研发、节能产品制造、节能工程设计、节能咨询评估等相关行业和机构的大力发展，加快形成以节能服务为核心的配套产业链，成为国家七大战略性新兴产业之首的节能环保产业中最具市场化、特色鲜明的朝阳产业。"[137]

3.3.3 关于环保业合同能源管理商业模式研究文献简述

合同能源管理是市场经济条件下形成的一种节能管理新机制，是商业模式的创新。整个商业模式的核心节点是节能服务公司。节能服务公司能为用能企业进行诊断，确定节能指标和利润分成，还能与节能项目设计商、节能供应商、项目施工单位及金融机构等利益相关者建立长期的合作伙伴关系，为能源消耗户提供设备、技术及资金服务。合同实施后，节能服务公司要将全部节能设备无偿移交给能源消耗用户，此后由能源消耗用户自己负责经营。实现节能效益后，有些是通过政府相关部门支付利润给节能服务公司，也有些是节能服务公司直接与能源消耗用户共同分享节能收益。该商业模式重构了价值创造与传递的方式，对节能环保产业的发展具有促进作用。该模式打破了"设备落后—利润有限—设备改善有限—设备依旧落后"的旧循环，为企业拓展了利润空间。通过发挥节能服务企业核心节点的作用，产生了规模效应，降低了客户的开发成本，以节约的能源费用来支付节能项目成本，需要发挥金融机构、技术部门等部门的融合效能。该模式也降低了能源消耗户开展节能项目的风险，降低了资金使用成本和资金风险。目前，合同能源管理在我国节能减排中的应用模式主要包括 6 种：节能量保证模式、融资租赁型业务模式、能源费用托管模式、节能效益分享模式、混合型业务模式、能源管理服务模式。不过，还存在一些问题：节能服务缺乏统一的行业规范和行业标准；融资困难；产业链系统配套略显不足；产业环境的信誉有待提升。为此，要发挥市场在资源配置中的决定性作用，一方面需要增加制度供给，补充相关标准，创造高信誉度的产业环境。另一方面，拓宽融资渠道，或设立节能环保担保基金，或政策性银行设立节能服务专项贷款，或允许以"合同管理能源项目合同"作为贷款抵押物等。[138]

鲍君俊（2016）指出，参照海外合同能源管理模式的先进经验，目前中国主要有三种模式：节能效益分享型；节能效益托管型；节能量保证型。三种模式各有优势，也有不足，主要表现为：分享型主要是运营成本较高，维修保养成本高；托管型项目方实际用能变化导致节能分享纠纷较多；保证型对节能技术要求较高，节能技术有差异，政府标准不统一。随着实践的不断探索，融资租赁模式将成为新模式，该模式由租赁公司投资，而节能服务公司为客户进行节能改造，提供服务，节能服务公司则以节能效益返还租赁公司的投资。该模式被引入融资租赁公司，从而分散了投资运营风险。与此同时，中国节能服务产业近来出现了另一新模式，即通过建立像超市一样的节能服务综合平台，整合国内节能服务产业的节能产品、技术、项目、资金、人才、服务等优质资源，打通产业服务链，为客户提供系统化的节能产品。节能总包商互联网平台模式提出了整合资源、集成服务新理念，通过"互联网+"来解决市场信息不对称、交易成本较高等诸多难题。此外，近年来合同能源管理模式也呈现出一些新的亮点：国家政策扶持力度加大，政府引导节能基金进行投资；从资金渠道来看，风险投资和租赁业务正在加速进入节能服务市场；资本市场的推动与社会资本的高度参与，促进了合同能源管理模式的创新发展。不过也存在一些问题：当前中国节能减排问题的严峻性迫使中国政府推出了一系列的政策，但是由于该模式在中国推行的时间较短，存在着社会接受度较低、融资较难、民营节能服务公司介入难、激励机制不健全等一系列问题。相应的解决对策为：政府需要加大引导基金投入的力度、制定政策和设定节能技术标准，同时加大执法监管力度；金融投资机构要与节能服务企业深度合作，打造"资本、技术和项目"三位一体的融资平台，三方权责利深度捆绑，可以有效地降低融资难度和投资风险。[139]

一是相对于传统节能服务模式，合同能源管理模式用能方投资为零，规避了节能投入与发展投入的资源博弈问题；二是用能方风险为零，用能方通过节能收益分享的方式弥补节能投入方的投资和运行成本，风险全由合同能源管理公司承担，企业可直接获得效益；三是充分发挥专业分工，通过"交钥匙工程"促进全社会专业分工和节能技术的提升。但合同能源管理模式的确在国内发展过程中遇到了瓶颈：一是社会诚信问题；二是现有会计核算导致评价不合理问题。解决方案：对于合同能源管理项目应当参照融资租赁方式进行会计处理。[139]

3.3.4 关于节能环保业合同能源管理商业模式解析

1. 合同能源管理商业模式的优势

传统用能单位需要投资进行节能减排，而采取合同能源管理商业模式，则不需要承担实施节能项目的资金，同时还化解了技术风险。从商业模式创新角度来理解，就是针对客户的痛点，重新进行定位，也就是魏炜与朱武祥提出的商业模式模型中的第一步，即定位。从价值视角来分析商业模式，就是客户价值定位问题，就是针对客户尚没有满足的需求，能为客户提供什么样的价值，或者给予什么样的解决方案。在实践操作中，降低用能企业成本的同时，获得实施节能带来的收益和获取有关设备。这是一种资源整合带来的价值增值。为什么会出现这种情况？从商业模式创新的视角来分析，利用核心资源与能力进行价值创造是商业模式创新的关键，"魏朱"商业模式中的业务系统与关键资源能力，事实上，都是价值创造所不可或缺的。这里还有两个问题值得思考：其一，价值如何实现增值？其二，"魏朱"商业模式中的"交易结构"如何体现？为什么要讨论这两个问题呢？因为，从某种意义上讲，商业模式就是企业价值创造的逻辑，而合同能源管理涉及的利益主体比较多，至少要分析用能企业、节能服务公司与政府之间的关系，或者要处理好这三者之间的利益关系，这三者的利益诉求不是完全一致的，故要厘清。首先分析采取合同能源管理导致增值的原因。要实现用能企业与节能服务企业双赢的效果，这里有个前提假设，就是用能企业具有可以挖掘的潜力，即存在着降低成本或提高效益的空间。如果用能企业"主动投资"去节能减排，一方面，主动性不够，态度决定成效的效应不显著，先输一层；另一方面，用能企业很难在诊断、预算及技术采用等环节取得优势，甚至依照现有的资源与能力，即使有潜在的价值，也实现不了，甚至根本无法实现。而专业节能公司利用自己管理及技术的专业化分工的优势，可以实现用能企业潜在的价值，进而去实现自己的核心价值，也满足政府谋求公众福利的目的，实现政府节能减排的目标。所以，这个商业模式创新就是价值创造逻辑的改变，就是企业内外资源的整合与重新配置的过程，以实现资源的优化配置。在此过程中，至少三方利益相关者的价值得到实现，就是交易结构与交易关系的再造，这种关系能否固化，能否上升到"规则关系"，是决定这个商业模式能否可持续发展的关键。在实践中，合同能源管理节能效率比较高，一般有 5%～40% 的节能率。"魏朱"商业模式的六要素包括现金流结构、盈利模式及价值等。其分析要点是现金流情况，就是收益与成本的关系。从某种意义上讲，就是净利润实现情况。如果没有净利润，盈利模式及价值分析意义就不大了。节能服务公司投资于用能企业，改善用能企业的现金流量与结构，它可以把有限的资金投放到关键环节，以期更好地发挥资金的使用效率。节能服务公司可以给客户专业节能资讯和能源管理经验，提升用能企业人员素质，合同实施后，不仅减少了用能成本支出，还提高了产品竞争力。从行业环境来看，使得行业节约能源的水平达到一个新的高度，促进行业现代化水平的提高。放眼国际，也使得国内产品的环保科技附加值更高，在国际市场上更具有竞争力。从环境保护方面看，大大唤起企业及社会的环保意识，在客观上改善了环境品质，提升了人们的生活品质。针对节能环保企业而言，节能技术会更专业，可以进一步提供更专业、更系统的节能技术和解决方案，并与客户一起分享节能成果，取得双赢，乃至多赢的效果。

2. 节能环保业合同能源管理商业模式的制约因素

企业经营的关键是实现企业价值的最大化，商业模式的生命力是创新，企业借助商业模式去实现价值创造与价值分配，进而满足利益相关者的需求。商业模式就是如何向客户传递价值并从中收益。但是，在合同能源管理实施过程中，有不少企业过于关注自己的利益，过于注重经济收益，过多关注短期利益，而对节能降耗产生远期收益期望值不大，节能环保意识不强，积极性不高。这其中至少有两个制约因素：其一，对于技术的了解及信任度不够，这或许是信息不对称的原因。譬如说，对于某个项目，节能环保服务公司具有专业化的节能环保技术与管理经验，具有充分的信心，可以挖掘出节能的潜力，但是，对于用能企业来说，他们并不十分了解前沿技术，也缺乏管理经验，于是针对现实可能存在的节能空间，心存犹豫，主动性不够。其二，由于行业节能还没有形成气候，或者还没有达成一致的共识，担心自己率先投资节能减排而得不偿失，从自身利益最大化的角度看，博弈的结果是选择不去和节能服务公司合作。解决以上两个制约因素的措施是：加大对节能减排的宣传，改变企业的认知，一方面是唤起企业的社会责任意识，另一方面是提高用能企业对节能服务公司技术及管理经验的认知，节能服务公司可以通过建立"样板店"的形式，树立标杆，起示范带头作用，让更多的企业主动去节能减排，并主动和节能服务公司合作。

当然，"打铁还要自身硬"，节能服务公司拥有的节能技术是否领先；是否适合用能企业；是否保证可以为用能企业带来经济收益与实惠；是否可以保障项目合同如期实现；在项目的实施过程中，是否可以保障要素充足；专业人员、技术水平、资金配套及风险控制等是否经得住考验；在项目管理中，是否能保障节能服务企业及用能企业沟通畅通；是否有复合型项目经理来顺利保障项目管理，这些都是制约因素。

对政府层面而言，需要构建投资节能的激励与约束机制，如果缺乏强制性政策法规的约束，就会影响产业的健康发展。如果没有有效的激励机制，用能企业就缺乏应有的动力，不少区域缺乏适合本地经济发展的金融支持、财税减免、政策性奖励等法律法规。即使有一些政策，但在具体落实时，往往缺乏时效性，特别是二三线小城市奖励资金申请流程不规范，实际落地效果不佳。

3. 合同能源管理商业模式的实施对策

合同能源管理商业模式在实际操作中针对不同企业，已经形成一些富有特色的实施方案。不过，基本要素是一致的，包括项目意向书签订、合同拟定、用能企业调研、诊断与预算、指标量化、节能效益分享、测量和验证方案等。这些及其细节要通过书面合同方式确定下来。在实施过程中需要多方面的配合，也需要及时地做好一些例外或临时性工作，双方从组织架构上要协商议定各组主管及具体联络人。在项目实施中，应具有相应的对综合资源调配的权力，否则难以保障正常的进度。下面从用能企业及节能服务公司两个方面来具体分析：

第一，用能企业要转变思路，通力合作。用能单位首先要有主动意识，不能被动接受指令，因为，用能企业具有的技术及管理经验，也只是之前其他企业积淀的，基本流程与规范是一致的，但是，"一把钥匙开一把锁",用能企业的具体情况需要主动告诉节能服务企业,"巧妇难为无米之炊",没有第一手翔实的资料,就难以进行诊断与预算。故用能企业要通力合作,主动配合节能服务公司进行预算及指标的量化工作。在实施中,要以利益共同体的责任感,出谋划策,同心同德,只有这样,才能取得预期效果。

第二,节能服务公司应精益求精,言信行果。古人云:"言必信,行必果"。要做到合同签订后,遵照执行,且执行之后,又有明显效果,让利益相关者皆大欢喜,这是不容易的。作为节能服务公司要做到以下几点:首先,要在技术上精益求精,否则,就失去了自己的核心竞争力,也就没有信誉可言了,故节能服务企业在技术方面要不断进取,保持领先是必需的。其次,在指标量化方面,要科学严谨。根据能源消耗状况来确定能耗基准,通过实施合同能源管理,用能单位用能环节的能源消耗有明显的减少,这是节能服务公司获得收入的前提。在此,要防患于未然,未雨绸缪。在项目实施全过程中,双方密切配合、精诚合作是项目成功的保障。不过,还要注意风险防范。为了实现双赢,要注意经济风险防范。用能企业要公开企业的财务状况、市场营销及市场发展前景信息,以建立投资者的信心,为提高节能效益、赚得利润打下基础。在实施的过程中,技术的风险也是存在的,项目是否成功与节能技术、配套设备的选择直接相关,也与原来的基础密切相关。要在用能企业提供翔实资料的情况下,弄清原始技术状况及耗能情况,并开展针对性调研,在此基础上,再外请专家与两方企业的技术专家通过专家论证会来选择改造方案、技术与设备。这是保障技术与设备科学可行、有效化解风险的措施,也是项目成功的基础。

3.3.5 关于合同能源管理的案例分析

案例 1 格瑞福德:致力合同能源管理的创新典范

合同能源管理,是近年来新发展起来的一种节能改造方式。企业通过与专业化的节能服务公司签订能源服务合同,利用节能公司的资金和技术,以未来的节能效益为现有的设备升级。通过这种方式,既节约了企业的当期投资,极大减轻了企业环保节能的资金压力,又顺应时代要求，有利于节能减排事业的发展，得到了国家的大力支持。

国家研究部署加快发展节能环保产业，特别提到了要发展壮大合同能源管理等节能环保服务业。可以预见，在政策利好和市场需求的双重推动下，合同能源管理市场规模将不断增长。格瑞福德自成立起就致力于节能领域，不仅形成了系统化的节能理念，更拥有一批能驾驭国内外节能减排新技术、新产品的高级节能专家队伍和管理人员。利用政府和世界银行正在推广的合同能源管理的模式，格瑞福德积极为客户提供成熟的系统节能解决方案和综合性优化节能服务。实践表明，在这种合作方式下，客户可以专注自身业务发展、节约能源、创造利润，赢得成本竞争优势，零投入、净收益，降低财务成本。

早在 2006 年，格瑞福德就与首秦公司签订了系统节能服务合同，率先以合同能源管理的方式开启为首钢集团内企业提供节能服务的"探索"。其后，格瑞福德积极组织相关专业的专家对首秦公司能源系统的生产、配送、使用、回用等全过程进行调研、分析，并提交项目建议书，双方对项目可行性进行分析，最终确定节能项目改造方案并进行组织实施。双方合作本着"效益优先、由易及难、分步实施、整体推进"的原则，先后完成了泵站节电改造、加热炉改造、高炉鼓风除湿、高炉热风炉煤气预热、转炉煤气自动化回收、能源管控中心建设等 15 项节能项目调研、测试、实施，每年节能能力为 12.47 万吨标准煤，为首秦公司争取国家财政节能奖励资金近 2 000 万元。为了提供更好、更细致化的服务，格瑞福德的技术人员长期驻扎在首秦公司，形成了一个稳定的节能服务团队，与首秦公司共同挖掘节能潜力，研讨解决办法。2009年启动转炉煤气自动化回收项目。2010 年开展 2#高炉热风炉煤气预热项目，通过增加高炉煤气换热器，利用高炉热风炉外排的烟气余热，对热风炉使用的高炉煤气进行换热，达到利用余热、提高高炉煤气温度、减少热风炉煤气使用量的目的。2010 年 6 月建成能源管控中心项目，使得生产调度与能源调度坐在一个大厅里办公，实现了资源、信息共享，有利于能源生产和能源使用双方关系的协调，保证了能源系统的实时动态监控、能源介质生产提前预测及配送。企业不断创新技术，也不断探索商业模式创新之路。[140]

案例 2　银行中央节能保护机解决方案

在全面进入"新常态"时代，银行面临越来越激烈的市场竞争，面临国家对银行节能减排的示范要求，面临降低运营费用的压力。

1.节能减排的挑战

挑战 1：设备能耗利用率低下

银行的办公楼、营业大厅的主要能耗设备包括空调、照明、电脑、安全防范系统、通信网络、各种电子设备等，这些设备能耗利用率低下，导致浪费严重。例如：无论是中央空调还是柜式空调，在设计选型时大多预留了 20% 的余量，而实际正常运行期间，都很少在满负荷状态；又如，银行空调水循环系统，在实际运行时，均处在最大设计固定流量条件下，不随负荷变化而变化，不会自动调节主机、辅机和末端舒适温度三者的动态平衡；再如，银行照明用电和其他感性设备用电，其末端功率因数在 0.5～0.85，这不仅存在着大量的无功损耗浪费，而且还要承担供电局的额外费用。

挑战 2：变压器和线路损耗浪费大

一方面，银行的变压器负载相对较低，晚上时间更低，从而造成银行变压器自身损耗很大，电压变化率高；另一方面，银行用电设备种类繁多，情况复杂，电子设备多，末端电压压降高，导致安全隐患常存、电能使用效率下降等问题。银行配电系统及其设备，在瞬流、浪涌、谐波长年累月的冲击下，导致线路老化、开关装置接触部位等形成氧化性碳膜，电表转速加快，银行多交电费。

挑战 3：难解的设备保护课题

银行业对电能使用安全有着特别要求，然而随着银行业建设的现代化、信息化，大量应用电脑开关电源、UPS 等电子设备。这些现代电子设备一方面对电能品质的要求极高，对瞬流、浪涌、谐波、直击雷、感应雷、操作瞬间过电压、零电位漂移等十分敏感；另一方面这些设备自身又是银行配电系统的"公害性污染源"，造成银行配电系统内串来串去的电污染，导致银行配电系统和设备运行温度高，设备运行功率点漂移，电源交替效率低下，网络运行易中断，甚至设备损毁等问题。

挑战 4：精密仪器设备的能耗浪费与保护

银行业的配电系统中，除了普通的照明、空调等负载外，还拥有大量的非线性负载，如 ATM 机、高精密的仪器仪表、安全防范系统、计算机网络、通信系统、自动查询系统、自动排队系统、自助填单系统、高端广告系统、银行窗口对讲、多功能收银槽、存折打印机 UPS、点钞机、身份证与指纹识别器、饮水机、监控设备、流水打印机、LED 显示屏、闭路电视、监控系统、门禁系统、入侵报警系统、网络设备等，不仅因电压波动三相不平衡等因素导致运行功率偏离正常运行状态和大量电能浪费，而且严重影响这些设备的运行安全。

挑战 5：电脑闪屏和微波辐射电磁危害

电脑闪屏及其微波辐射，是银行职员面临的常见健康危害因素，银行职员接触电脑的时间长，日积月累的危害大。

所谓电脑闪屏是指银行职员在使用电脑过程中，所出现的轻度忽亮忽暗的轻度脉冲现象。它造成长时间使用电脑的银行职员眼睛疲劳、干涩、眼压升高、视力下降、近视加剧、出现眼睛酸涩、胀痛、模糊、失眠、面部疲劳、光敏癫痫、青光眼等病症；而电脑微波辐射是指银行职员在使用电脑过程中的电脑低能 X 光射线和低频电磁波辐射现象，它会导致眼睛发痒、颈部和背部酸痛、记忆力减退、情绪暴躁、心情抑郁等多种病症。

2. 银行能耗解决方案

祥和节能集团及其全国各地的合作伙伴针对银行业的上述挑战和电费成本控制需求，向银行业提供祥和银行中央节能保护机解决方案，该方案具有如下独特优势：

优势 1：中央节能有效控制电费支出

电费，是银行业各项成本中的主要成本。一个中等地级城市的银行，如营业网点在 100 个以上，其市行大楼、各区支行大楼和各营业网点的电费支出一年大约在 2 000 万元以上，祥和银行中央节能保护机解决方案，安装在银行配电系统的入口端，对配电系统内的所有设备、仪器仪表、电脑、线路、开关等均具有节能作用，降低了配电系统和设备的氧化性碳膜损耗，清洁银行配电系统，实现设备节能和管理节能的叠加，其节电率为 15%～25%，节能节电效益高，投资回收周期短。

优势 2：中央保护延长设备寿命、降低安全隐患

祥和银行中央节能保护机解决方案，对银行配电系统内的所有设备、仪器仪表、电路、线路、开关等均具有保护作用，大大降低电能品质波动对银行设备的损害，降低浪涌、谐波对设备的干扰和影响，使安全隐患得以降低，设备寿命得以延长，运营维修维护费用下降。

优势 3：保护职员眼睛、降低辐射危害

祥和银行中央节能保护机解决方案，通过阻隔、抑制、滤除和吸收来自银行配电系统外部和内部的瞬流、浪涌、谐波等电能污染，大大降低了银行配电系统内串来串去的电污染所导致的电脑闪屏现象和微波电磁辐射，大大降低辐射对银行职员的身体健康危害，改善了银行的工作环境。

优势 4：电信级管理节能，建立远程监测的人机监管模式

祥和银行中央节能保护机解决方案，系由安装在银行配电系统电能入口端的祥和中央节能保护机与中央数据库在北京的电信级管理节能平台，通过移动网、固话网、短信网和互联网连接的系统，银行的领导和归口管理部门，通过手机、座机、短信和互联网中的任一方式，均可远程监测银行各营业网点的能耗情况，轻松实现能耗的量化核算、量化考核、量化追踪、量化奖惩，取得设备节能和管理节能的叠加效益。

优势 5：高度集成，一机安装

祥和银行中央节能保护机解决方案中的现场设备，采用一机集成方式，去工程化，一站式一次安装，安装现场仅需场地、电力和网络即可。装有高抗冲击、减震、抗雷击系统，安装简单、易行。

优势 6：智能高效，无人值守

祥和银行中央节能保护机解决方案，无论是安装在银行配电系统入口端的中央节能保护机，还是中央数据库在北京的电信级管理节能平台，都是智能型的、高效率的、无人值守的子系统，并内装了数据自动储存子系统和能耗超过规定后的自动报警系统。

3. 银行获得的收益

祥和银行中央节能保护机解决方案的实施，使银行至少可获得如下

收益：

收益 1：大大降低电费支出

采用祥和银行中央节能保护机解决方案，中央节能保护端可实现节能 15%～25%，电信级管理节能 5%～25%，两者叠加，可实现综合节能 20% 以上，直接使银行的电费支出显著降低；同时，银行配电系统内功率因数提高 4%～8%，可避免银行被供电局征收功率因数调节费，还能大幅减轻配电系统电表正向潜动所产生的"虚征"电费支出。

收益 2：保护设备、降低维护维修费用

采用祥和银行中央节能保护机解决方案，既让银行配电系统内的所有设备、仪器仪表、电脑、线路、开关、各个子系统得到保护，又通过减轻电脑闪屏和微波辐射保护了员工，还能延长设备的使用寿命并降低设备的维护维修费用。

收益 3：保护员工的身体健康

采用祥和银行中央节能保护机解决方案，通过减轻电脑闪屏，保护员工的眼睛，通过降低电脑微波辐射，改善了员工的工作环境，从而进一步提高银行的人力资源软实力。

收益 4：实现能耗的量化管理

采用祥和银行中央节能保护机解决方案，可轻松实现能耗的量化核算、量化考核、量化追踪、量化奖惩，再结合方案中的电信级管理节能建立远程监测的人机监管模式，培养全体职员节能节电的良好意识和用能习惯，提高管理水平和运行效率，提高银行的运营软实力。

收益 5：完成节能减排任务

银行业是国家明确要求带头做好节能减排的示范行业之一。采用祥和银行中央节能保护机解决方案，实际做到了节能减排，完成国家和上级下达的节能减排目标任务，改善和提升银行的竞争能力和美誉度。

4 环保企业商业模式实证研究

4.1 环保企业商业模式模型

4.1.1 引言

据北极星环保网讯，节能环保上市公司 2017 年上半年的业绩预告陆续开始披露，它们的业绩引人关注，下面是 9 家环保上市公司公布的 2016 年权益分派实施方案，透过它们的分红情况可以预测它们以后的业绩走势，借助商业模式的分析工具可以更好地梳理其商业模式演化及盈利的特点，为其今后可持续发展提供借鉴。

永清环保：以现有总股本 648 530 285 股为基数，向全体股东每 10 股派 0.25 元人民币现金，共计派发现金红利 16 213 257.13 元。

巴安水务：以现有总股本 446 957 533 股为基数，向全体股东每 10 股派 0.10 元人民币现金，共计派发现金红利 4 469 575.33 元。

清新环境：以现有总股本 1 073 196 600 股为基数，向全体股东每

10 股派 1.00 元人民币现金，共计派发现金红利 107 319 660.00 元。

创业环保：本次利润分配以方案实施前的总股本 1 427 228 430 股为基数，每 10 股派发现金红利 0.95 元（含税），共计派发现金红利 135 586 700.85 元。

洪城水业：本次利润分配以方案实施前的总股本 789 593 625 股为基数，每 10 股派发现金红利 1.80 元（含税），共计派发现金红利 142 126 852.50 元。

德创环保：本次利润分配以方案实施前的总股本 202 000 000 股为基数，每 10 股派发现金红利 1.00 元（含税），共计派发现金红利 20 200 000 元。

菲达环保：本次利润分配以方案实施前的总股本 547 404 672 股为基数，每 10 股派发现金红利 0.50 元（含税），共计派发现金红利 27 370 233.60 元。

科融环境：以现有总股本 712 800 000 股为基数，向全体股东每 10 股派 0.03 元人民币现金，共计派发现金红利 2 138 400.00 元。

先河环保：以现有总股本 344 395 344 股为基数，向全体股东每 10 股派 1.00 元人民币现金，共计派发现金红利 34 439 534.40 元。

改革开放以来，我国取得了举世瞩目的成绩，经济发展的活力得以激发，成为仅次于美国的世界第二大经济体。但是，资源依赖型、粗放式的经济增长模式尚未根本改变，这种经济增长模式是不可持续的，它导致生态环境被破坏，环境污染问题日益严重，人们生活品质反而下降了，生命健康也受到了严重威胁。这种现象引起了各界的关注，党的十八大将生态文明建设提升到战略层面，提出包括生态文明建设的"五位一体"总体架构。"绿色化"、新型工业化、城镇化、信息化与农业现代化已经成为经济发展的新任务、新要求。党的十九大报告指出："生态环境治理明显加强，环境状况得到改善。引导应对气候变化国际合作，成为全球生态建设的重要参与者、贡献者、引领者。""建设生态文明是中华民族永续发展的千年大计。""必须坚持节约优先、保护优先、自然恢复为主的方针，形成节约资源和保护环境的空间格局、产业结构、生产方式、生活方式，还自然以宁静、和谐、美丽。"要"推进绿色发展；着力解决突出环境问题；加大生态系统保护力度；改革生态环境监管体制"。[141] 在此背景下，充分表明环境产业大发展机遇来临了，必将迎来大发展的春天。

4.1.2 案例分析框架

1. 商业模式画布图

商业模式的定义："一个商业模式描述的是一个组织创造、传递以及获得价值的基本原理。"商业模式包括 9 个要素，这些要素可以说明一个商业模式实现利润的逻辑过程。为了便于分析，可将这 9 个要素归类为 3 个方面，即价值定位、价值创造与价值分配。价值定位包括客户细分、价值主张、客户关系。价值创造包括核心资源、关键业务、重要合作。价值分配包括渠道通路、收入来源、成本结构。[142]

商业模式画布图是一个分析商业模式活动的有力工具，也是帮助企业家或创业者催生创意、聚焦策略、提高绩效的好帮手，可以成为帮助他们锁定目标用户、找准客户痛点、合理设计解决方案的有效工具。

商业模式画布图（如图 4-1 所示）中的 9 个模块，是经过研究者及 400 多位企业家思想火花碰撞产生的，是经过精心筛选的，抓住了商业模式的核心要素，并有内在的逻辑关系，可以帮助企业家及创业者进行商业模式创新，帮助评估商业模式创新的绩效，并提供了可操作的方法，便于企业实时比照及校正。

KP（重要合作）	KA（关键业务）	VP（价值主张）	CR（客户关系）	CS（客户细分）
	KR（核心资源）		CH（渠道通路）	
CS（成本结构）			RS（收入来源）	

图 4-1 亚历山大·奥斯特瓦德与伊夫·皮尼厄商业模式画布图

2. 商业模式画布图说明

（1）CS（客户细分，customer segments）

"客户细分这一模块描述了一家企业想要获得的与期望服务的不同的目标人群和机构。"客户是企业生存之本，也是任何一个商业模式的核心。通常来说，没有客户，企业就无法在市场竞争中生存，一家企业的价值取决于客户的资源，决胜于忠诚客户的数量。不过，任何一家企业不可能也没有必要服务所有的客户，必须有所为、有所不为，所以需要在科学细分后的客户群中进行选择。不过，企业要慎重选择一个客户群体，而忽略另一个客户群体，一旦选定，就要深度分析客户的个性差异，精心设计商业模式。

细分客户群体需要满足几个条件：①必要性。要考虑其盈利的可能性，如果没有盈利可能性，就不要细分。②可行性。即使有可能的盈利空间，但是不可操作，也是自费精力。③可实现性。如果有一个可以细分且具有足够的盈利空间的市场，但是自己的条件及能力不容许，也是不可的。超越自己的能力，依然是水中月、雾中花。④相对优势。如果有一个细分市场，即使可以实现，但是客户愿意买单而实现的利润与其他市场没有显著的差异，也是没有价值的，我们要比竞争对手更好地满足客户需求，即便是在竞合时代，也有比较优势，可以和行业比，可以和历史比，可以和自己的平行业务比。

细分的客户群体可以是面向大众群体的大众市场，可以是小众市场，也可以是多元化市场、多边市场等。

（2）VP（价值主张，value propositions）

"价值主张这一模块描述的是为某一客户群体提供能为其创造价值的产品和服务。"客户选择某企业的产品和服务，而放弃另一家企业的产品和服务，是客户的价值主张。从产品和服务中获取的利益点，是其价值诉求，就是价值主张的具体体现，也可以说，是某家企业为其目标客户提供的利益集合或组合。从动态的角度看，产品和服务创新是永恒的主题，也是商业模式创新的核心，可以是新的产品和服务，也可以是改进的产品和服务，或者是相似产品和服务增添了新的特点与属性。

具体可以问几个问题，例如，什么样的价值需要我们传递给客户？在客户所有的痛点中，我们需要解决哪一个？具体满足了客户哪些方面的需求？面对不同的细分客户群体，我们应该提供的产品和服务的组合是什么？这些利益组合是否是客户真正需要的？在现实的市场情境中，有的是为客户的个性化需求而定制产品和服务，有的是创造的产品和服务（是客户之前从来没有想到的全新的产品和服务，就像历史上电的使用、电话的发明、移动手机的问世），有的是产品性能的改变，有的是时尚的设计，有的是品牌给予客户的附加价值，有的是超值低价，有的是给客户以成本降低的感受，有的是风险控制带来的安全体验，还有的是在可获得性与便利性上做文章等。总之，产品和服务的利益组合是多种多样的，但是均给客户以符合期望甚至超越期望的体验。

（3）CH（渠道通路，channels）

"渠道通路这一模块描述的是一家企业如何同他的客户群体达成沟通并建立联系，以向对方传递自身的价值主张。"渠道通路是客户实现其价值体验的平台或接触点，是实现产品和服务释放其价值内涵的桥梁与纽带。在这个平台或接触点上，客户首先了解产品和服务的具体利益点，然后比照自己的诉求，与自己的价值诉求进行匹配，如果两者的差距在自己接受域内，则完成购买，进而会在此渠道通路中得到企业的售后服务，也是其以后是否继续购买该企业产品和服务的必要价值补充。

对企业而言，找到适当的渠道通路是实现其客户价值主张的关键；否则，"惊险的一跳"就实现不了，摔坏的不光是商品，还有企业自身。一个组织可以选择自建或自有渠道，也可以借船出海，合作建渠道，或借助别人渠道。如果借助别人渠道，会导致利润降低，不利于打造自身产品和服务的品牌，但是却可以借力打力，获取合作方的强势资源。可见，如何在自有渠道与合作建渠道两者之间平衡，找到适合自己企业的渠道模式，则是一个难点。

（4）CR（客户关系，customer relationships）

"客户关系这一模块描述的是一家企业针对某一客户群体所建立的客户关系的类型。"企业建立客户关系，可以通过人员、自动化设备等与客户建立联系，以达到开发新客户、留住老客户以及扩大销量的目的。不同的商业模式决定着客户关系的类型及深度，这些都影响着客户体验的获取。为此，企业需要考虑：我们需要与客户建立何种客户关系？已经建立的客户关系是什么类型？这些关系的成本如何？客户关系模块如何与其他模块进行整合？一般来说，一个企业有以下几种客户关系，或者是几种关系的组合：基于人际互动的私人服务，为每一个私人客户服务的专属私人服务，为客户提供自助服务渠道或设备的自助服务、自助服务与自动化流程结合的自动化服务，建立诸如在线社区的社区服务、与客户协作的共同创造的服务等。

（5）RS（收入来源，revenue streams）

"收入来源这一模块代表了企业从每一个客户群体获得的现金收益（需要从收益中扣除成本得到利润）。"客户是商业模式的核心，是心脏，而收益则是商业模式的动脉。一家企业需要思考：客户愿意买单的真正原因是什么？回答好这个问题，通常可以为企业带来一两个收入来源。客户现在正在为之买单的价值主张是什么？支付方式是什么？更愿意使用的支付方式是什么？每一个收入来源对于总体收入的贡献比例是多少？一般来说，客户创造收入的方式有实物产品所有权出售的资产销售，某种服务使用而产生的使用费，向用户销售某项服务持续的使用权的会员费，特定资产在某一时期专门供给某人使用的出租费，某种知识产权的使用许可费，买卖中介获取的经纪人佣金，为某产品、服务或品牌做广告获取的费用等。

（6）KR（核心资源，key resources）

"核心资源这一模块描述的是保证一个商业模式顺利运行所需的最重要的资产。"任何一个商业模式都需要核心资源。这些资源是企业创造价值主张、获取市场、建立和维系客户关系并获取收益等的必需资源。实物资源、知识性资源、人力资源以及金融资源等都可以成为核心资源，可以自有，也可以租赁，或从重要伙伴处获取。通常需要考虑：我们的价值主张需要哪些核心资源？分销渠道需要哪些核心资源？客户关系需要哪些核心资源？收入来源需要哪些核心资源？

（7）KA（关键业务，key activities）

"关键业务这一模块描述的是保障其商业模式正常运行所需做的最重要的事情。"任何一个商业模式都需要一系列的关键业务。这些关键业务同核心资源一样，是企业创造价值主张、获取市场、建立和维系客户关系并获取收益等的必需业务。戴尔电脑的关键业务是供应链管理，麦肯锡咨询公司的关键业务是提供解决方案。一般而言，关键业务可以是生产，可以是解决方案，也可以是平台或网络等。

（8）KP（重要合作，key partnerships）

"重要合作这一模块描述的是保证一个商业模式顺利运行所需的供应商和合作伙伴网络。"获取重要合作在许多商业模式中逐渐起到基础作用，企业通过建立合作来优化自身的商业模式，使得资源优化配置，获取特殊资源或降低风险。合作有几种类型，如非竞争者之间的战略联盟、竞争者之间的合作、为新业务建立合资公司、为保证可靠供应而建立采购商关系等。

（9）CS（成本结构，cost structure）

"成本结构这一模块描述的是运营一个商业模式所发生的全部成本。"运营一个商业模式，必然要发生成本。创造价值、传递价值、维护客户关系，进而创造收益，整个过程都要发生成本，而获取最大化收益，必然要考虑：最重要的固定成本是什么？最贵的核心资源是什么？最贵的关键业务是什么？为了便于分析，可以简单地将成本结构划分为成本导向型与价值导向型。成本的具体结构可以分为固定成本与可变成本。由于产出的扩大可能会带来规模经济，由于经营范围的扩大可能会带来范围经济，这些均可以带来成本优势。

4.1.3　商业模式画布图评析

企业保持基业长青，商业模式不断创新是必由之路。商业模式画布图是企业家实现梦想、改变游戏规则、挑战商业模式陈旧套路、设计未来商业模式新模式，甚至颠覆创新的有效操作工具。商业模式画布图是由400多位商业模式实践者共同创作的，横跨45个国家，是集体智慧的体现。商业模式画布图具有以下几个特点：（1）系统性。商业模式画布图虽然只是一个图，但是从市场细分到价值实现是一个具有系统化的循环，从价值主张到价值创造、价值传递以及价值获取是一个富有科学逻辑的流程，既具有系统性，又具有完整性。（2）协同性。商业模式画布图的9个模块不是独立分割的孤岛，而是具有内在一致性的协同体，因为要实现企业价值、实现利润，就要提高收益、降低成本；扩大收益必须经过市场细分锁定目标客户，针对目标客户痛点确定价值主张，调度企业核心资源，开展关键业务，充分与利益相关者之间进行沟通，利用独特资源，并与之经营关键业务，开拓渠道通路，传递价值，实现盈利。（3）策略性。商业模式画布图也是一个可操作的直观图，犹如战争用的作战图，又如车间的看板，简洁直观、一目了然，各个模块之间的联系亦可以跃然纸上，清晰明确，有利于企业各个部门各司其职。

此商业模式画布图也可以用于非营利组织。奥斯特瓦德指出，每个组织都有其模式，即使没有商业属性，超越经济利益的商业模式，有环境和社会使命的"三重损益"商业模式，其评估需要计算环境、社会和财务成本等。为此，在商业模式画布图中的收入来源与成本结构中，分别增加社会与环境收益、社会与环境成本。作者在介绍9个模块时，其顺序是这样的：客户细分→价值主张→渠道通路→客户关系→收入来源→核心资源→关键业务→重要合作→成本结构。这个顺序显然看不出价值主张、价值创造、价值传递与价值获取的逻辑关系。笔者认为要从以价值主张为核心，以实现价值为目的，即收益与成本的差为实现目的，然后再考虑如何创造收益、如何降低成本。原来商业模式的价值主张右边的客户细分、渠道通路与客户关系之间有逻辑关系，客户细分是价值主张的基础，通过渠道通路传递价值是维护客户关系的重要条件，进而是获取收益的逻辑结果。故重构的商业模式画布图的右边是客户细分→渠道关系→客户关系→收入来源。而价值主张的左边重要合作的利益相关者是企业创造价值的主要智力与物质资源，而核心资源与关键业务是创造价值的关键，在此创造价值的过程中，不是表现为收益，而要发生成本，如何通过技术手段及管理创新来降低成本是商业模式创新的优势所在，也是商业模式可持续发展的基础，因此重要合作→核心资源→关键业务→成本结构，4个模块之间具有逻辑关系。如图4-2所示，如此调整的商业模式画布图，更加清晰。用来分析非营利组织，成本结构中包括社会与环境成本，收入来源中包括社会与环境收益。

KP（重要合作）	VP（价值主张）	CS（客户细分）
KR（核心资源）		CH（渠道通路）
KA（关键业务）		CR（客户关系）
CS（成本结构）		RS（收入来源）
社会与环境成本		社会与环境收益

图 4-2 商业模式画布图重构

超越经济利益的商业模式：商业模式画布图不仅可以用于营利组织，也可以用于非营利组织，例如公共服务、慈善机构等社会投资组织。有的组织即使没有商业属性，但是为了存续，为实现组织的使命，也需要创造与传递价值，且必须获取足够的收入来支付日常的运行费用，因此也必须有一个商业模式，也有学者称之为企业模式。它有两种类型：一种是以第三方资助的企业模式，如公益组织、慈善机构、政府组织等。另一种是有着强烈社会和环境使命的"三重损益"商业模式，其评估需要计算环境、社会与财务成本等。第三方可以是一个捐助者，也可以是公共服务机构。第三方出资让这个组织完成使命。使命可以是社会性质、与环境有关的或者公共服务性质的使命。例如，政府财政资助教育，很少期望有直接的经济回报。"三重损益"的商业模式评估不能仅仅以经济利润来衡量，可以增加社会和环境收益、社会与环境成本这两个方面来进行综合分析。[143]

4.2 九家环保上市公司商业模式研究

4.2.1 案例 1 永清环保股份有限公司

1.永清环保介绍及其发展历程

2016 年，永清环保股份有限公司（以下简称永清环保）以现有总股本 648 530 285 股为基数，向全体股东每 10 股派 0.25 元人民币现金，共计派发现金红利 16 213 257.13 元。

永清环保成立于 2004 年，是一家环保全产业链的综合服务企业。2011 年 3 月登陆深圳证券交易所，是湖南省首家环保上市公司，也是湖南省唯一一家 A 股上市环保企业，市值近百亿元，是"中国最佳创新公司 50 强"公司，2014—2015 年均入选美国《福布斯》杂志排行榜。公司已在北京、上海、南京、广州、深圳等多个重点城市成立了分公司与子公司，现拥有员工近千人。公司注重品牌建设，在业界具有一定的知名度与美誉度，在行业内具有一定的影响力。公司是湖南省环保产业协会会长单位、中国环保产业协会副会长单位与中国农业生态环境保护协会分会主任委员单位。公司多次荣获"全国大气污染减排突出贡献企业"、"全国环境综合服务竞争力领先企业"、"全国环保优秀品牌企业"、国内环保行业唯一"中国最佳创新公司50强"、"中证阿拉善生态100主题指数企业"、"最具社会责任感企业"、"最佳环境贡献上市公司"等荣誉。[143]

全产业链是从产业链源头做起,使得产、供、销的每一个环节紧密相连,可以追溯监控的过程,可以使得上下游形成一个利益共同体,把最末端的消费者的需求反馈到最前端,产业链上的所有环节都必须以消费者为中心。永清环保是环保行业全产业链的实践者与领跑者。公司从客户需求出发,已经形成"集研发、咨询、设计、制造、工程总承包、投融资、营运为一体环保产业链"[144],业务范围涵盖面广,包括环境咨询、清洁能源、大气治理、污水治理、土壤修复、设备制造、环境检测等环保许多领域,被业界称为"环境全科医生"。公司是全国第一家合同环境服务试点单位,"全国首批环境污染第三方治理试点单位,已先后在江西新余,湖南湘潭、衡阳、邵阳等地推行环境污染第三方治理和 PPP 模式"[143],并创造了被原国家环保部领导认可的"政企合作应对环境问题的永清新余模式"。公司具备了环保热电工程总承包的相关资质(在国内民营环保工程公司中,只有少数企业具有此资质),还拓展环境咨询业务。

永清环保是技术创新的引领者。"2016 年 3 月全国两会期间,习近平总书记参加湖南代表团审议时,对永清环保自主研发的耕地治理稻米降镉技术给予了高度关注与肯定。"[143]公司拥有中、美、德、韩等国院士、博士、教授、专家聚集的顶尖环保技术团队以及各类专业人才。其中,中国工程院院士刘业翔为公司首席科学家。公司投资近 1 亿元建成的 1.8 万平方米的湖南最大的环保研发中心,依靠强大的技术团队,已在耕地污染治理、土壤修复、超低排放、垃圾发电、水环境治理等领域掌握了一批具有国际水准和国内领先水平的关键核心技术,并拥有 80 余项技术专利。在土壤修复领域,公司拥有国际上有影响力的专家队伍,例如美国詹姆斯·雷辛格博士(他是 IST 公司创始人)、韩国专家安洪逸博士,以及国内一流的专家团队。正因为具有这些专家和专家团队，创造了许多全国第一，例如第一家海外并购土壤修复企业的中国公司；自主研发的"重金属污染土壤离子矿化稳定化技术"填补了国内空白；第一个土壤修复药剂生产线，可以生产"定制式"修复药剂；第一个承包耕地重金属污染整区服务的企业。2015 年 7 月，并购美国 IST 公司，奠定了永清环保在土壤修复领域的领军地位。

10 余年来，公司致力于大气污染治理的技术创新与服务创新，并提供优质的解决方案。从烟气着手，以脱硫为主，钠碱法脱硫实现了技术创新，并成功应用于实践，同时不断向脱硝、除尘领域拓展。"永清环保的产品质量稳定可靠，已投运的 20 多台套火电机组的脱硫效率和投运率 100% 满足要求。由于超前的战略眼光，公司率先布局钢铁烧结烟气脱硫行业，目前行业排名第一。""2014 年年底，永清环保研制出了六大核心技术，包括钢铁厂烧结机空塔喷淋烟气脱硫技术、循环吸收废气中二氧化硫制取无水亚硫酸钠技术、燃煤电厂选择性催化还原烟气脱硝技术、燃煤电厂石灰石-石膏湿法烟气脱硫技术、钢铁厂烧结环冷机低温废气余热发电技术以及适用于海上平台作业的海水烟气脱硫除尘一体化技术等。"[145]

2. 永清环保商业模式的解析

为了对永清环保的商业模式进一步解析，下面借助作者构建的基于利益相关者视角的环境治理商业模式分析模型，并把商业模式画布图的 9 个模块综合进去，从价值定位、价值创造及价值分配三个方面来分析其价值实现的核心逻辑，并考虑政府及其他利益相关者的激励与约束机制，从"三重损益"视角来综合评估商业模式的效能（见表 4-1）。

3. 对永清环保商业模式的综合评价

快速发展中的永清环保，秉承"领先环保科技，创造碧水蓝天"的一贯宗旨，以打造"千亿产业、百年永清"为目标，致力于发展成为中国环保领域的"苹果"式品牌企业，为助力绿色发展，建设美丽中国做出积极贡献。永清环保从单一型环保企业转变为综合型环保服务企业，既考虑社会效益也考虑环境效益，让政府、公众与客户的利益得到满足，赢得利益相关者的信任，通过高效益的治理效果，提供综合化服务，推动环境问题的真正解决，不断探索模式创新。

表 4-1   **永清环保商业模式分析表**

商业模式要素	基本内容	备注
价值定位（客户细分、价值主张、客户关系）	由一家单一型环保企业成长为产业链齐全的综合型环保服务企业。产业链上的所有环节以消费者为中心，致力于提供全方位环保解决方案，是一家综合环保服务商	
价值创造（核心资源、关键业务、重要合作）	业务覆盖大气治理、土壤修复、环保热电、固废处理、垃圾发电、环境咨询等领域 业务模式涵盖EPC、EPC+C、BOT、EMC、合同环境服务等。永清环保与江西新余，湖南湘潭、衡阳、邵阳等地建立合作关系，推行环境污染第三方治理和PPP模式，创造了被原国家环保部领导认可的"政企合作应对环境问题的永清新余模式" 技术创新能力及创新产品是其核心资源。研制出的六大核心技术在业内领先。例如，"永清环保的超低排放一体化技术、重金属污染土壤离子矿化稳定化技术、耕地降镉富硒技术等，都是自主研发的，而像合同环境服务、PPP模式创新、第三方治理等环保行业的模式探索，永清环保也都是行业里第一个吃螃蟹的人"[145]	
价值分配（渠道通路、收入来源、成本结构）	公司目前有三种模式：直接从地方政府手里获取工程项目；直接从工业企业手里获取工程项目；集团与政府签订协议，与公司进行工程项目合作，如"岳塘模式"、邵阳项目。综合的服务能力和大工程的项目承包是公司未来增长的保证 公司在土壤修复业务的带动下，有望迎来爆发，进入拐点发展期。由于超低排放政策和非电行业烟气治理政策的规定，使得烟气治理业务得以平稳发展。垃圾焚烧业务受益于湖南焚烧产能占比的提高，带来增量业绩	

续表

商业模式要素	基本内容	备注
政府激励与约束	继"大气十条""水十条"之后,"土十条"的发布已箭在弦上,预计市场空间数以万亿元计 例如,《关于实行燃煤电厂超低排放电价支持政策有关问题的通知》(2015年)出台,明确给予上网电价补贴。当然其中条款也有约束作用	
其他利益相关者的激励与约束	2015年公司收购美国IST公司,技术上得到补强,与其他业务往来企业合作创新PPP"岳塘模式",未来将保持较高速度的增长 公司出资与长沙思诚投资、深圳榛果设立永清长银环保产业投资基金,延伸公司环保产业链。产研结合,共同研发出治霾最新技术	
商业模式绩效评估("三重损益":经济、社会与环境,增加社会与环境收益、社会与环境成本分析)	公司2016年度营业总收入同比增长了97.8%,利润总额增长40.9% 2016年,公司以现有总股本648 530 285股为基数,向全体股东每10股派0.25元人民币现金,共计派发现金红利16 213 257.13元 荣获"中国最佳创新公司50强""全国大气污染减排突出贡献企业""全国环境综合服务竞争力领先企业""最具社会责任感企业""最佳环境贡献上市公司"等荣誉。"永清环保是深具社会责任感的企业,承担了省内60%以上的SO_2减排任务"[146] 股权激励和员工持股的相继推出,表明管理层对公司未来经营业绩是充满信心的 公司具备区位优势、修复技术、模式创新等核心竞争力,是一家环保平台型公司,未来前景看好	

4.2.2　案例 2　上海巴安水务股份有限公司

1.巴安水务介绍及其发展历程

上海巴安水务股份有限公司(以下简称巴安水务)前身为上海巴安水处理工程有限公司,成立于1999年3月22日,注册资本为100万元；2009 年 10 月 31 日，注册资本增至 3 000 万元；2010 年 2 月 5 日，整体变更为股份有限公司，注册资本为 400 万元；2010 年 5 月，又有 5 名法人和 7 名自然人加盟，注册资本增加至 5 000 万元。2011 年公司的主营业务是："从事环保水处理业务，为电力、石化等大型工业项目和市政项目提供持续创新的智能化、全方位水处理技术经济解决方案及服务。"[147]

经过十多年的发展，巴安水务拓展业务范围，目前主营业务"涵盖工业水处理、市政水处理、固体废弃物处理、天然气调压站与分布式能源四大板块，是一家专业从事环保能源领域的智能化、全方位技术解决方案服务商。巴安水务的产品结构以市政板块为基础，以固废和工业为两翼，以天然气为补充，具体体现为环保能源领域技术研究与开发、系统设计与集成、设备或系统的安装调试、设计采购施工的交钥匙工程和 BT、BOT 工程项目等"。[148]其经营模式可以概括为"多产品类型、多技术服务与多行业应用"。公司坚持传承与创新结合，聚焦水务事业，辛勤耕作，不断为美化环境而努力。在中心城区提供直饮水服务，危废处理及污泥干化协同发电等新兴领域开拓创新，并有所突破，为改善生态环境、建设美丽中国贡献着自己的力量。

十多年来，巴安水务注重积累客户资源，注重维护客户关系，已经培养了一批忠诚的客户。这些客户分布在全国 27 个省市，涵盖的行业包括市政自来水、市政污水、电力、天然气、煤化工、石化、冶金、钢铁以及天然气分布式能源等，同时公司还不断开拓国际市场，提供产品及综合服务，技术系统整体出口到东南亚一些国家及中东地区。公司参与新加坡第四海水淡化厂的竞标，与埃塞俄比亚、科威特等国还签订一些合同。公司海外收购的瑞士水务、KWI 公司等协同发展，加快公司国际化步伐，有利于公司综合实力的提升。目前，公司加快国际化步伐，将通过一系列整合后，增强公司技术水准，完善国际化布局。

巴安水务在产品及服务创新方面不甘落于人后，在业内具有一定的优势。在多个细分市场内具有行业领先地位，已经拥有一批专利技术，并且具有良好的成长业绩，在我国污水资源化及节能减排技术创新方面，是技术创新的开拓者和实践者，在业内名列前茅。为保持业内技术领先，公司注重搭建平台，集聚人才。公司具有上海市院士工作站和博士后企业工作站，在水务研发和解决技术难题方面，具有高科技人才优势。科技与管理是企业发展的两个轮子，尤其科技创新是企业发展的第一驱动力。公司非常重视技术创新，视之为发展的主要驱动力。

一流的企业卖标准，二流的企业卖品牌，三流的企业卖产品。保安水务制定的《石灰乳液自动配制成套装置》是国家化工行业的标准；公司还参与制定《电去离子纯水制备装置》的国家标准。巴安水务把技术创新作为其核心的发展战略，注重技术创新成果之转化，注重产业化应用推广。自主研发成果丰硕，包括饮用水深度处理技术、污水深度处理技术、高浓度难降解有机废水处理技术、污水深度处理及回用的石灰配制技术、油水分离技术、污泥薄层干化技术、天然气调压站技术、分布式能源、微滤成膜技术等创新性水处理技术等。事实证明，每一次技术突破与应用，都会带动公司业务的快速增长。巴安水务正是凭借公司的技术创新优势，位列上市公司技术创新前三甲，并荣登 2015《福布斯》中国上市潜力企业 100 强，目前，在业内多项技术领域处于领先水平。

2016 年巴安水务向全体股东每 10 股派 0.10 元人民币现金，共计派发现金红利 4 469 575.33 元，引人关注。据公司 2016 年的年报，2016年实现营收 10.30 亿元，净利润 1.41 亿元，"海绵城市业务约占营收的一半，海绵城市 2016 年实现营收 5.13 亿元，同比增长 4.68%。海水淡化业务表现优异，增长 306.08%。'十三五'期间，海水淡化将迎来爆发临界点"。[149]

2.巴安水务商业模式分析（如图 4-3 所示）

3.对巴安水务商业模式的综合评价

展望未来，政策保障环保企业发展的态势，在以后也不会减弱。"青山绿水就是金山银山"这一环保理念已经深入民心，必将继续在政策、法律层面得到强化。巴安水务会紧紧围绕国家"节能、节水、环保"宏观政策，继续利用外部资源，进行开放性创新，加大自主研发力度，必将继续成为环保水处理行业的领跑者。

KP（重要合作）	VP（价值主张）	CS（客户细分）
政府是企业发展的主要资源。政策保障环保企业发展 科研院所等研究机构	公司主营业务涵盖工业水处理、市政水处理、固体废弃物处理、天然气调压站与分布式能源四大板块，是一家专业从事环保能源领域的智能化、全方位技术解决方案服务商	以市政板块为基础，以固废和工业为两翼，以天然气为补充
KR（核心资源） 上海市院士工作站和博士后企业工作站 具有高科技人才优势。技术创新力强，是某装置的行业标准的制定者。在业内多项技术领域处于领先水平		**CH（渠道通路）** 战略合作 搭建平台等
KA（关键业务） 环保能源领域技术研究与开发、系统设计与集成、设备或系统的安装调试、设计采购施工的交钥匙工程和BT、BOT工程项目等		**CR（客户关系）** 客户分布在全国27个省市，东南亚一些国家及中东地区，还有其他一些国家和地区
CS（成本结构） 设备成本 研发成本 人力成本 管理成本		**RS（收入来源）** 海绵城市 海水淡化业务 其他服务项目

图 4-3 巴安水务商业模式分析图

巴安水务商业模式沿革是随着企业发展壮大而不断演化的，从1999年创立的有限公司，到2011年成为上市公司，2011年主营业务具体分为4个模块，都是循序渐进的过程。纵观巴安水务的发展，可以看出，该公司立足自足创新，在业内的上市公司中位列前三甲，得益于加大与政府和科研院所合作，而获取了重要的科研平台，这作为自己的主要资源，开展以技术创新为引领的项目，成为业内翘楚。积极开拓市场，适时开拓国际市场，加强与国际先进国家与地区合作，获取先进的技术与管理经验，这是巴安水务保持其商业模式可持续发展的关键，也是巴安水务长久立于不败之地的法宝。

4.2.3 案例3 北京清新环境技术股份有限公司

1.清新环境介绍及其发展历程

北京清新环境技术股份有限公司（以下简称清新环境）前身是北京国电清新环保技术工程有限公司，于2001年成立。公司注册资本为10.656亿元人民币。2002年，公司通过自主创新，在国产火电脱硫技术方面，探索创新，在湿法脱硫技术研发取得突破性进展。2003年，旋汇耦合湿法脱硫技术取得国家专利。2005年，公司签署河北陡河电厂等大型火电机组脱硫项目合同。同年承建的河北陡河8#机组湿法脱硫装置成功投产，自主技术开始正式助力大型火电机组实现达标排放。2006年，技术开始全面应用于山西云冈电厂、洛阳龙泉电力、河南信阳华豫电厂等各类大型火电机组，公司业绩迎来发展高峰。2007年，公司整体变更设立为股份有限公司，为公司后续长足发展奠定基础。2008年，作为火电烟气治理第三方的首批践行者，公司签署了第一个特许经营项目。2009年，公司引进、消化和吸收了国际领先的活性焦干法脱硫脱硝等集成净化技术，掌握了大烟气量干法集成净化的关键技术，并打破传统，开发采用褐煤制活性焦的技术和工艺，确保公司在国内的技术领先地位。2010年，公司签署云冈、丰润、乌沙山等第二批特许经营项目，特许经营业务规模进一步扩大，居于行业前列。2011年，公司在深圳证券交易所成功登陆中小板，成为业内知名的上市企业。2012年，公司上市后获得进一步发展，设立康瑞新源净化技术有限公司，开展利用褐煤生产活性焦工业化研究及其他环保、资源综合利用以及循环经济领域运用的研发。2013年，设立北京国电清新节能技术有限公司，开展节能业务及非电领域工业烟气治理业务。2013年，设立赤峰博元科技有限公司，开展煤焦油研发、加工、销售等资源综合利用业务。2014年，公司创新性研发单塔一体化脱硫除尘深度净化技术（简称"SPC-3D技术"），成功应用于山西云冈电厂 3#机组，同年获得中电联组织业内权威专家评审会高度认可。6 月 5 日是世界环境日，2015 年 6 月 5 日，公司正式更名为北京清新环境技术股份有限公司。2015 年，公司成立 15 周年。2016 年，公司收购中铝旗下自备电厂烟气治理资产，成立铝能清新公司，在非电领域业务进行重要开拓。

截至 2016 年 6 月，清新环境有 1 000 余名员工，资产总额超百亿元人民币，拥有 18 家子公司及 15 家运营分公司，是一家专业从事工业环保节能及资源综合利用的国家级高新技术企业。公司的主营业务是以工业烟气脱硫、脱硝、除尘为主的集技术研发、项目投资、工程设计、施工建设、运营服务为一体的综合性服务运营商。公司构建自主创新机制，搭建自主创新平台，在国产脱硫烟气治理方面，拥有完全自主知识产权，公司"先后研发了高效除尘技术、高效喷淋技术、高效脱硫技术、褐煤制焦技术、活性焦干法烟气净化技术、SPC 超净脱硫除尘一体化技术、VOCs 治理技术等一系列工业烟气净化技术，并成功将自主研发的技术应用于电力、冶金等多个行业工业烟气的治理中"[150]，取得了骄人的业绩。

作为综合环保服务商，公司成立了北京国电清新节能技术有限公司（以下简称清新节能）子公司，专业从事工业节能业务。清新节能以节能综合服务为中心和主要方向，业务涉及工业节能技术应用与推广、节能方案咨询、合同能源管理运营等多个领域。清新节能依托 A 股上市母公司平台，不仅具备充足资金优势，还拥有极好的融资能力。清新节能依托与各大设计院良好的合作关系，技术上与业内领先设备供应商合作，热网建设方面与市政规划院进行合作，确保了技术的领先水平和服务的高效性。

公司在资源综合利用方面，积极创新，促进了资源循环利用。公司作为特许经营首批实践者，截至 2015 年年底，已签订火电厂烟气脱硫特许经营合同的机组容量为 1.33 亿千瓦，数十台运营项目，采用湿法汇耦技术脱硫，将会产生大量脱硫石膏副产物。浆液与 SO_2 反应生成硫酸钙及亚硫酸钙，亚硫酸钙经氧化转化成硫酸钙，得到工业副产石膏，主要为脱硫石膏，其广泛用于建材等行业，用作替代高龄土和方解石生产纸的填料与涂胶料,其加工利用的意义非常重大。它不仅有力地促进了国家环保循环经济的进一步发展,而且还大大降低了矿石膏的开采量,保护了资源。以江浙沪等地区为例,脱硫石膏每吨价格接近百元,具有巨大环保及经济效益。

公司始终秉承"创新、合作、至诚、担当"理念,坚持自主技术创新驱动企业发展,以精品工程服务客户的原则,致力于以更高效、更经济、更节能的 SPC-3D 技术解决方案,为工业伙伴提供实现清洁、卓越而经济的可持续发展的环境保障。公司依托领先的技术实力、优良的管理能力、充裕的资金实力,依据合理的区域市场划分,针对各大电力集团、地方电力公司热电厂的实际情况,采用灵活适宜的合作模式(如 EPC/EP/EMC),为客户提供一体化全产业链服务和高品质、高可靠性的综合节能减排解决方案,积极推进吸收式热泵等节能技术在热电领域的应用。公司将与客户一同致力于加快先进的节能技术在各领域中的推广,为发展绿色节能经济做出更大的贡献。公司致力于自主创新研发,现已成功研发了烟道蒸发技术和浓缩技术两种污水处理技术,此两种技术能有效解决脱硫废水的零排放问题,在燃煤电厂污水治理方面有着广泛的应用。此外,还有固体废弃物处理。

公司是大型火电脱硫技术的先期开拓者,也是首批烟气环保第三方的治理实践者。在我国燃煤锅炉烟气治理主流技术服务方面,市场占有率业内领先。目前,在烟气脱硫新建工程和技改工程机组容量方面在业内名列前茅。公司曾获"品牌创新企业""最受投资者尊重的百强上市公司"" '十二五'节能减排科技创新成果先进技术""2015年环境责任奖""2016年中国工业烟气治理十大环保企业""碧水蓝天大气杰出治理企业""大气治理技术创新引领企业""环境保护科学技术奖""最佳贡献上市公司""国际碳金奖""清洁空气蓝天贡献奖"等荣誉。

2.清新环境商业模式分析(如图 4-4 所示)

3.对清新环境商业模式的综合评价

清新环境是国内大气环境治理的龙头企业,随着国家对环保的重

KP（重要合作）	VP（价值主张）	CS（客户细分）
公司与各大设计院良好合作关系 技术上与业内领先设备供应商合作 热网建设方面与市政规划院进行合作	公司是一家专业从事工业环保节能及资源综合利用的国家级高新技术企业	各大电力集团、地方电力公司热电厂等工业企业
KR（核心资源） 资金优势 融资能力 公司具有自主研发能力，先后研发了高效除尘技术、高效喷淋技术等一系列工业烟气净化技术，并成功应用。燃煤锅炉烟气治理主流技术服务方面，市场占有率业内领先		CH（渠道通路） 采用灵活适宜的合作模式（如 EPC/EP/EMC）等
KA（关键业务） 公司的主营业务是以工业烟气脱硫、脱硝、除尘为主的集技术研发、项目投资、工程设计、施工建设、运营服务为一体的综合性服务运营商		CR（客户关系） 以精品工程服务客户的原则，为工业伙伴提供实现清洁、卓越而经济的可持续发展的环境保障
CS（成本结构） 设备成本 研发成本 人力成本 管理成本	RS（收入来源） 综合服务项目	

图 4-4 清新环境商业模式分析图

视，也随着要求的提高，其市场空间将扩大。清新环境通过设立铝能清新公司，收购博惠通而进入非电领域，凭借商业模式的积淀，可以预见

2018 年之后经营业绩将稳步增长。"清新环境在脱硫、脱硝、除尘技术的自主研发水平排名国内前列。目前公司拥有高效脱硫技术、高效除尘技术、单塔一体化脱硫除尘深度净化技术（SPC-3D）、选择性催化还原法等一系列高科技技术，技术优势也为公司赢得了良好的口碑和领先行业的市场占有率。在 800 亿元的市场空间里面，看好未来两年清新环境业绩的快速增长。"[151]

随着我国经济发展步入"新常态"，随着新时代社会主义市场经济发展进入决胜阶段，保卫蓝天、保持青山绿水的任务更加重要，于是环保行业发展进入春天，政府环境政策无疑是一个机遇。为此，公司应当有效利用，不断培育核心资源，调动合作伙伴资源，以达到合理运用资源，提高商业模式效能，提高运营绩效，同时加强技术创新，尤其是自主创新，不断提高产品与服务的科技贡献率。

加强国际合作，采取"走出去战略"是公司发展的必然结果，国务院在《关于加快发展节能环保产业的意见》中提出，支持节能环保产业"走出去"和"引进来"战略。引入消化吸收国外先进技术，同时将自身的科技成果推广到国外，提升企业价值，只有这样，才可以为商业模式的创新提供活水之源，也可以保障商业模式持续盈利。[152]

4.2.4 案例 4 天津创业环保集团股份有限公司

1. 创业环保介绍及其发展历程

2001 年 1 月，渤海化工完成重组后更名为天津创业环保股份有限公司，2008 年 8 月，更名为天津创业环保集团股份有限公司（以下简称创业环保），迈入集团化发展新阶段。创业环保业务范围包括污水处理业务、再生水业务、自来水业务、污泥处理业务、工业废水处理业务、环保技术产品研发销售业务、新能源供冷供热业务、环境第三方治理业务。

污水处理业务：以创业环保为基地，特许经营津沽、咸阳路、东郊、北辰等天津中心城区 4 座污水处理厂。先后成立天津静海创业水务有限公司、天津津宁创环水务有限公司特许经营静海、宁河污水处理项目。天津地区托管运行张贵庄、大寺、天保以及汉沽营城 DBO 项目。

天津周边地区以文登创业水务有限公司和安国创业水务有限公司为基地，特许经营文登、葛家镇及安国污水处理厂。华东区域以浙江、江苏为中心，西北区域以陕西为中心，以西安创业水务有限公司为基地，服务范围延伸至陕南、陕北以及关中地区，业务领域涵盖污水处理、工业废水处理和垃圾处理行业，形成了综合环境服务的初步格局。华中区域以湖北、安徽为中心，以武汉天创有限公司、阜阳创业水务有限公司为基地，特许经营湖北洪湖、赤壁、咸宁，安徽颍东、颍南及含山污水处理厂。西南区域以云南、贵州为中心，以曲靖创业水务有限公司、贵州创业水务有限公司为基地，特许经营云南两江口、西城，贵州小河污水处理厂。

再生水业务：天津地区的再生水业务以天津中水有限公司为载体，包括再生水生产销售及再生水管网接驳业务。污水厂出水进入再生水厂经过深度处理后达到再生水利用标准，主要用于生活杂用、园林绿化、景观环境、工业循环冷却等多个领域。目前客户主要为发电厂、居民、市政园林等部门，具有较高的资源效益、社会效益。阜阳公司于2014年特许经营阜阳中水利用工程，生产能力为5万立方米/日，面向政府收取服务费。

自来水业务：以曲靖创业有限公司为载体，特许经营曲靖市3家自来水厂，设计生产能力为20万立方米/日，向政府收取自来水服务费。

新能源供冷供热业务：2011年，创业环保中标天津文化中心能源站特许经营项目，开始新能源供冷供热服务业务。下属子公司天津佳源兴创新能源科技有限公司以浅层、深层地热等清洁能源为客户提供供冷供热服务。2014年，创业环保中标黑牛城道1#、2#能源站特许经营项目；2015年，中标天津市侯台风景区2号能源站特许经营项目；2016年中标天津市滨海新区文化中心（一期）能源站特许经营项目。

污泥处理业务：天津凯英科技发展有限公司是创业环保的研发机构，承担集团公司科技研发、成果转化及市场推广工作。污泥破壁机基于高电压的污泥内碳源释放技术，可用于解决碳源不足、改良厌氧消化以及强化脱水性能。本设备现已应用在津沽污泥处理厂，实现日处理含水率80%的污泥800吨；另应用于日处理能力达到40万立方米的东郊污水处理厂。

工业废水处理业务：天津凯英科技发展有限公司针对造纸废水、颜染料及印染废水、石化及化工废水等典型工业废水的治理，成功研发一系列专有工艺技术及生物强化微生物菌制剂，设计传统生化处理工艺，以及高级氧化和超滤、纳滤、反渗透等膜法污废水深度处理和回用技术等。CYYF 城镇污水厂全过程除臭工艺服务于全国 28 家污水处理厂，实现总处理污水规模 291.7 万立方米/日。2013 年，创业环保托管运行张贵庄污泥处理厂，该厂设计规模为 300 吨/日，采用动静结合的槽式污泥好氧发酵工艺，处理后的污泥含水率 40% 以下。2015 年，创业环保调试运行全国第一家自给能源自主循环经济示范工程——津南污泥处理厂。该厂近期设计规模为 800 吨/日，采用了较为先进的高浓度污泥厌氧消化工艺，处理过程充分体现了以废治废、节能减排及能源与资料的循环利用，该工艺中多种高效污泥处理技术设备的组合应用在国内属于领先地位。

环境第三方治理业务：2015 年，创业环保探索园区环境污染第三方治理业务，先后与山东省临沂市、沂水县产业园区签署第三方治理框架协议，成为创业环保向工业废水处理和园区治理业务拓展迈出的重要一步。[153]

创业环保立足于天津，服务全国，秉承"净化水环境，提升水品质"的目标，不欺人、不欺天、不欺心，凭借专业的运营团队和资本优势，布局全国水处理市场，以为客户提供安全、稳定、达标、高效的服务赢得了各地政府的信赖，成为国内水处理行业的先锋。

公司具有安全、稳定、达标、高效的运营能力。公司运营全国第一座大型城市污水处理厂——天津市纪庄子污水处理厂，建设并运行全国首批再生水示范工程——天津市纪庄子再生水厂。公司水处理项目遍布全国十余个省市，熟练掌握运用多种处理工艺。污水厂运行评比中多次获得殊荣。公司具有的体系认证资格：2002 年，集团公司顺利通过 ISO 9000、OHSAS 18000 和 ISO 14000 认证；2003 年，取得国家环保总局颁发的"环境保护设施运营资质证书"；2007 年，取得国家环保总局颁发的"环境综合治理设施运营企业证书"（工业废水甲级）。

公司具有实用、领先、灵活、持续的研发能力。2004 年，以国家城市供排水研究中心实验基地为基础，成立公司研发中心。2006 年，成立博士后工作站，是天津大学、南开大学、中科院天津工业微生物研究所等高校及科研院所的产学研基地。中国矿业大学和创业环保申报的专利———一种厌氧多级好氧缺氧除磷脱氮工艺为双方共有。[154]

公司具有专业、尽责、合作、创新的员工团队。截至 2015 年年底，专业人员具有正高级职称的有 8 人、高级职称的有 185 人、中级职称的有 304 人，专业领域涵盖工程、经济、会计等；公司拥有项目运行人员 899 人、工程建设管理人员 167 人、科技研发人员 54 人。公司注重内在管理与技术革新，自 2008 年以来坚持开展管理创新活动，获得 70 余项管理创新成果；近年，获得天津市科技成果认定的技改技革项目有 51 项实现成果转化，累积为公司实现节约创效 5 600 余万元。公司注重员工个人专业素质与团队协作能力的培养。技术比武、劳模评选、培训交流、文体活动，公司努力打造全方位、多角度的个人和团队成长平台。

公司具有诚信、担当、规范、稳健的企业信誉。积极推动地区环境水业项目建设，获得当地政府充分信任。面对危难险重，勇挑责任重担，在天津 "8·12" 瑞海公司危险化学品爆炸事故中，承担含氰废水处理任务，获得国家环保部高度赞扬。各地项目为当地节能减排事业做出突出贡献。连续十年荣膺由中国水网主办评选的 "年度水业十大影响力企业"。[155]

公司以承担社会责任为己任，始终不忘回报社会的责任，在业内具有一定的影响力，在十九大确定大力建设生态文明的大背景下，将有一个美好的未来。

2. 创业环保商业模式分析（如图 4-5 所示）

3. 对创业环保商业模式的综合评价

在国家重视生态文明建设的大好环境下，创业环保把 "还碧水于世界，送清新于人间" 作为自己的愿景，把 "净化生态环境，提升生活品质" 视为自己的使命，将 "国内领先，国际知名的综合环境服务商" 作为发展目标，以污水处理等主营业务为基础，以技术研发与创新为引

KP（重要合作）	VP（价值主张）	CS（客户细分）
面对生态文明建设的新需求获得各地政府的信赖 常年与多家专业院校合作，如中科院、南开大学、天津科技大学、中国矿业大学等	创业环保秉承"净化水环境，提升水品质" "国内领先，国际知名的综合环境服务商"	立足天津，服务全国企业、居民、市政部门
KR（核心资源） 专业的运营团队和资本优势 公司具有安全、稳定、达标、高效的运营能力。公司具有实用、领先、灵活、持续的研发能力。公司具有专业、尽责、合作、创新的员工团队 公司具有诚信、担当、规范、稳健的企业信誉	为社会提供专业高效的综合环境服务，为员工营造和谐的成长环境，为股东创造最大价值	**CH（渠道通路）** 特许经营 托管运行 战略合作等
KA（关键业务） 污水处理业务 再生水业务 自来水业务 污泥处理业务 工业废水处理业务 新能源供冷供热业务 环保技术产品研发销售业务 环境第三方治理业务		**CR（客户关系）** 为客户提供安全、稳定、达标、高效的服务，赢得了各地政府的信赖
CS（成本结构） 经营成本 技术创新成本 人力成本		**RS（收入来源）** 主营业务收入 综合服务收入

图 4-5　创业环保商业模式分析图

领，向新能源利用、大气治理、污泥固废、土壤修复等领域发展，以多样化的服务模式，为社会提供专业高效的综合环境服务，为员工营造和谐的成长环境，为股东创造最大价值。公司以专业、尽责、安全、高效、诚信、担当为经营理念，以科技为引领、资本拉动、适度规模、法律保障为总体目标，通过技术创新、业务创新、管理创新，构建核心竞争力，实现转型发展。

公司作为国内水务行业的先行者，具备技术研发、运营管理、市场网络以及品牌价值等方面的综合竞争优势，同时未来或将适时引入战略投资者和财务投资者，通过国企改革，持续推动资源整合能力及核心竞争力的提升，有望在环保行业的加速发展中赢得更多的机遇，并实现加快成长。

不过，风险也与机遇同在，主要是：污水处理厂升级改造进度滞后；业务拓展低于预期；污水处理成本上升致毛利率下滑；"水十条"等政策落地不及预期。

4.2.5　案例5　江西洪城水业股份有限公司

1.洪城水业介绍及其发展历程

2001年1月22日，江西洪城水业股份有限公司（以下简称洪城水业）在江西省工商行政管理局登记成立。公司法定代表人为李钢，经营范围包括"自来水、水表、给排水设备、节水设备、仪器仪表、环保设备的生产、销售，给排水设施的安装、修理，给排水工程设计、安装、技术咨询及培训，软件应用服务，水质检测，水表计量检测，电子计量器具的研制及销售，城市污水处理，信息技术等"。[156] 2004年6月1日，公司成功在上海证券交易所挂牌上市，控股股东为南昌水业集团有限公司，股票代码是600461。目前，公司拥有全资、控股、参股子公司15个，水厂10个，省内外污水处理厂94个，共设立15个机关职能部门，共有员工3 000余人，日污水处理总设计能力为211万立方米，日供水总设计能力为144万立方米，供水管网长度近4 000千米。[157]洪城水业将在公司董事会的领导下，以挺进"全国水务第一梯队"为主线，以深化改革创新为动力，以推进依法治企为保障，以项目发展、产业扩张为总抓手，以协调经济效益和社会效益为发展目标，依托资本市场、规范运作、依法经营、壮大企业实力，致力于打造责任企业、诚信企业、报效社会、回馈股东的百年企业，使公司逐步成为经济效益突出、社会效益显著、在业内具有强竞争力的上市公司。

整体上市成为洪城水业铸就新辉煌的起点。公司努力促进城市供水、污水处理、水务工程施工三大板块科学发展，致力于推进城市水务资源整合，延伸产业链，加大城市基础设施市场运营力度，为增强城市功能、提升城市的生态环境而不懈努力。

政府支持力度比较大，具有较好的环境。洪城水业是江西省领先的污水处理企业，也是最大的自来水生产企业。公司通过收购等战略举措，实现水业集团"厂网合一"的经营模式，并取得江西省 77 个县（市）78 家污水处理厂的污水处理特许经营权。作为江西省唯一国有公共事业上市平台，江西省公布首批总投资 1 065.17 亿元的 PPP 项目中，生态环保类项目有 12 个，投资总额为 148.35 亿元，而公司作为江西省国有公共事业平台公司，将在江西 PPP 大潮中占据优势地位。

为适应"环境保护税开征"对环保企业污水处理的要求，洪城水业推进规范化建设，从规范出效益入手，对各厂安全生产、人力资源、财务经营等企业要素进行标准化管理。对岗位操作严格要求，要求按规程操作，以此实现生产运行目标，并及时调整生产工艺，确保出水水质达标排放。加强财务管理是提升企业管理软实力的一条途径，依照相关要求严格发票管理。安排财务人员对财务档案进行标准化建设。进行分类装订，对会计凭证进行自查，严格落实公司财务规章制度，对报账程序按规范化操作。公司着重建设企业文化，着力营造和谐的工作环境。每周利用周例会，进行专业知识、法律法规的学习，要求每周撰写学习体会，每季安排考试考核，并将成绩考核与工资挂钩。公司也注重人文环境建设，关心员工生日，举办寓教于乐的文体活动，激发员工工作热情，培养团队精神。

公司网站在公司整体上市后正式改版开通，标志着公司各项工作进入一个新的发展时期。公司网站能够成为公司与各界朋友之间加深了解、互动交流的一个良好平台。通过公司网站向全社会提供周到的服务，以此回馈社会与股东。

企业文化是企业发展最根本、最广泛、最持久的影响因子，是企业经过长期发展积淀而成的，是企业接力创新的遗传基因，是企业永续发展的灵魂，是企业的核心价值观，是企业发展的灵魂。企业文化具体化为各个职能部门的行为模式及其风格。人们常常说，一流的企业做标准，二流的企业做品牌，三流的企业做产品。

一直以来，公司坚持"为人民服务"的企业宗旨和"客户至上，追求一流"的经营理念，为南昌市经济建设和社会发展提供了可靠保障。

2. 洪城水业商业模式分析（如图 4-6 所示）

KP（重要合作）	VP（价值主张）	CS（客户细分）
公司网站能够成为公司与各界朋友之间互动交流的一个良好平台 政府支持	主要从事自来水生产经营及污水处理的股份制企业	南昌市经济建设和社会发展提供了可靠保障 推进城市水务资源整合，延伸产业链，加大城市基础设施市场运营力度，为增强城市功能、提升城市的生态环境而不懈努力
KR（核心资源） 公司网站 在江西 PPP 大潮中占据优势地位 技术创新力		**CH（渠道通路）** 公司共设立 15 个机关职能部门，拥有全资、控股、参股子公司 15 个，水厂 10 个，省内外污水处理厂 94 个 特许经营 公共事业平台等
KA（关键业务） 城市供水、污水处理、水务工程施工三大板块		**CR（客户关系）** "为人民服务"的企业宗旨和"客户至上，追求一流"的经营理念
CS（成本结构） 管理成本 设备采购 服务成本		**RS（收入来源）** 社会效益、经济效益协调发展为目标

图 4-6　洪城水业商业模式分析图

3.对洪城水业商业模式的综合评价

公司在业内具有影响力，在调动资源方面注重整合资源，在关键业务方面追求利益增长，加大重大资产重组，成功将集团的供水、供气业务整合到上市公司平台内，扩张了在公用事业领域的经营范围，成为南昌市政府旗下的公用事业平台。目前，随着互联网信息技术的飞速发展，跨组织边界、融合创新是现代企业创新的新环境，注重平台建设也是企业发展壮大的发力点。公司目前自来水制水能力为南昌最大。据公司规划，2020 年各水厂总供水规模将有 50% 以上的增长空间，公司污水处理能力还有近 60% 的增长空间。目前，公司新增业务发展势头良好。在天然气方面，2020 年达到 17 亿立方米，年均复合增速近 16%。二次供水方面，具有垄断地位，收购二次供水资产有利于实现产业链上下游的整合，接通供水产业链上链接用户的"最后一公里"。

4.2.6 案例 6 浙江德创环保科技股份有限公司

1.德创环保介绍及其发展历程

"浙江德创环保科技股份有限公司（以下简称德创环保）是一家专业从事脱硫、脱硝、除尘等烟气处理技术研究及配套装备研发、制造、工程总包于一体的国家重点高新技术企业，也是目前国内一家既能够专业生产烟气脱硫系统设备、脱硝系统蜂窝式和板式催化剂以及除尘系统主要设备的厂家，又能够提供脱硫、脱硝、除尘工程建设的产业化专业方案解决公司。"[158]

"公司依托多年的技术积累及研发制造优势，为电力、冶金、石化等行业提供烟气治理相关产品及服务。公司产品覆盖脱硫、脱硝及除尘三大细分领域，基本完成烟气治理产业链构建，成为国内烟气治理领域的综合服务商。"[159]

2006 年 3 月，公司环保设备生产线建设项目被确定为省重点建设项目。2006 年 9 月，公司新生产基地开工。2007 年 1 月，在绍兴召开第二届董事会第一次会议。2007 年 3 月，公司被认定为省高新技术企业。2008 年 1 月，公司召开第二届董事会第二次会议。2009 年 7 月，TBF-I 真空皮带脱水机项目被列入绍兴市重点科研工业项目。2009 年 8

月，单轴双百叶烟气挡板门被浙江省经贸委认定为"省级高新技术产品"。2010 年 1 月，公司通过国家高新技术企业复审。2010 年 2 月，完成股份制改制。2011 年 3 月，真空皮带脱水机项目被列入科技部中小企业技术创新基金项目，脱硝催化剂项目被列入浙江省高技术产业化项目。同年 12 月，公司获得"绍兴市创新型企业"，真空皮带脱水机获得绍兴市科技奖三等奖。2012 年 9 月，球磨机被省经信委评为优秀工业新产品。同年 12 月，公司研发中心被评为省级中小企业技术中心。2013 年 3 月，公司获得脱硝催化剂专利授权。同年 5 月，公司成为中国环保产业协会会员单位。2014 年 1 月，脱硫产品荣获浙江省名牌称号。同年 6 月，公司参与起草《蜂窝式烟气脱硝催化剂》《烟气脱硝催化剂化学成分分析方法》国家标准。同年 10 月，公司 SCR 烟气脱硝催化剂项目被列入国家火炬计划项目。同年 11 月，公司被评为国家火炬计划重点高新技术企业。2015 年 1 月，公司节能减排技术装备研究院被认定为浙江省级企业研究院。同年 2 月，公司通过国家高新技术企业重新认定。2016 年 1 月，公司商标被认定为绍兴市著名商标。同年 11 月，公司获得了由浙江省质量技术监督局颁发的压力容器制造许可证。同年 12 月，公司被浙江省知识产权局、浙江省经济和信息化委员会评为 2016 年浙江省专利示范企业。

公司占地 163 亩，总部位于绍兴市袍江工业区，现有员工人数 1 000 余人，其中中高级职称技术人员 100 余名，公司引进和培养了一批专业的脱硫、脱硝与除尘设备制造及工程设计的专业技术设计人员，专业技术设计人员本科以上学历达到了 100%，同时，公司还和浙江工业大学等大学合作，为公司定向培养和培训专业技术设计人员。公司成立了浙江德创环保工程技术研究开发中心，不断开发能够适应市场发展需要的技术和产品。

公司坚持"以顾客为中心"的理念，体现在设计、生产、销售的每个环节中。公司构筑了完善的售后服务体系，与客户保持良好沟通，及时跟踪已交付产品的运行状况，并配备了专门的技术力量，实施保修工程。

公司不断整合电力、环保、化工、材料等行业的相关技术资源和长期从事 FGD、DeNOx 的经验，派相关专业技术人员到国外接受最新技术培训，并与美国、加拿大、德国、日本等国家开展国际科技合作，投入大量经费引进国外的先进技术，先后自主成功设计、研发了烟气脱硫喷淋管、真空皮带脱水机、烟气挡板门、烟气脱硫除雾器、湿式石灰石球磨机等系列脱硫环保产品，经过省级新产品鉴定，获国家多项专利，拥有核心自主的知识产权并有众多个电站的投用业绩，而且被认定为"浙江省高新技术产品"，可以替代同类进口产品，开创了脱硫设备国产化道路的先河。公司早在 2009 年，就对国内环保市场进行研究，根据市场状况，积极调整产品结构，引进国外先进技术，在短时间内顺利完成蜂窝式及板式脱硝催化剂产品生产线的筹建、安装、调试及生产。公司所生产的催化剂获得了"国家重点新产品"的称号，并取得了脱硝催化剂发明专利证书。公司生产的静电除尘、布袋除尘以及电袋除尘设备均引进国外先进技术，并掌握了其中的核心技术和设计发明。公司迄今已承担省级以上科技项目 10 项，其中国家火炬计划项目 1 项，国家重点新产品计划项目 2 项。公司先后被授予"绍兴市工程技术研究开发中心""信用 AAA 级企业""高新技术企业""科技创新优胜企业"等荣誉称号。

公司注重内部管理与市场营销并行。目前所有产品都均已通过了有关环境管理体系认证、职业健康安全管理体系认证。目前公司所安装使用的项目已经遍及国内 28 个省、市及自治区，所生产的脱硫设备出口欧美、东南亚等地。与华能、国电、华电、大唐、中国电力投资等大型电力公司形成战略合作伙伴关系，在钢铁行业、铝业及造纸行业也建立了良好的合作口碑。

2. 德创环保商业模式分析（如图 4-7 所示）

3. 对德创环保商业模式的综合评价

公司定位是国内烟气治理领域的综合服务商。在环境治理日益受到重视的背景下，公司注重利用政府资源，加强与科研院所合作，积极调整产品结构，拓展国际市场。公司以"人为本，德为先，创造美好生活空间"为愿景。公司正以良好的企业声誉，以技术带动产品开发、科学的管理机制为基础，借助成熟的市场渠道，以需求带动产业发展，促进

KP（重要合作）	VP（价值主张）	CS（客户细分）
得到绍兴政府支持 和浙江工业大学等大学合作 与华能、国电、华电、大唐、中国电力投资等大型电力公司形成战略合作伙伴关系 与美国、加拿大、德国、日本等国家开展国际科技合作	公司为国内烟气治理领域的综合服务商	公司产品覆盖脱硫、脱硝及除尘三大细分领域 所安装使用的项目已经遍及国内28个省、市及自治区，设备出口欧美、东南亚等地
KR（核心资源） 技术积累及研发制造优势 获国家多项专利，拥有核心自主的知识产权并有众多个电站的投用业绩 公司先后被授予"绍兴市工程技术研究开发中心""信用 AAA 级企业""高新技术企业"等荣誉称号		**CH（渠道通路）** 公司注重内部管理与市场营销并行 战略合作等
KA（关键业务） 为电力、冶金、石化等行业提供烟气治理相关产品及服务。公司产品覆盖脱硫、脱硝及除尘三大细分领域，基本完成烟气治理产业链构建，成为国内烟气治理领域的综合服务商，也是国内少数既能够生产脱硫设备、蜂窝式及平板式脱硝催化剂、湿式静电除尘器等关键产品，又能够提供烟气治理工程服务的高新技术企业		**CR（客户关系）** 坚持"以顾客为中心"的理念，体现在设计、生产、销售的每个环节中。公司构筑了完善的售后服务体系，与客户保持良好沟通，及时跟踪已交付产品的运行状况，并配备了专门的技术力量，实施保修工程
CS（成本结构） 管理成本 营销成本 服务成本 生产成本	**RS（收入来源）** 设备销售 工程建设的产业化专业解决方案等服务	

图 4-7 德创环保商业模式分析图

产业升级。环境产业正以市场化、专业化、产业化为导向，推动建立排污者付费、第三方治理与排污许可证制度有机结合的污染治理新机制，探索实施限期第三方治理，支持第三方治理单位参与排污权交易。在一系列利好政策的驱动下，生态环境行业将加速步入黄金发展期，在政策大力支持和 PPP 项目订单逐渐释放的背景下，生态环境相关上市公司 2017 年中报业绩表现普遍较好。《证券日报》市场研究中心数据统计发现，已有 14 家生态环境相关上市公司披露中报业绩，其中，13 家公司中报净利润实现同比增长，占比 92.86%。[160] 可见，公司应该在此环境下，加大技术创新力度，探索互联网背景下商业模式创新的可行路径。

4.2.7　案例 7　浙江菲达环保科技股份有限公司

1. 菲达环保介绍及其发展历程

浙江菲达环保科技股份有限公司（以下简称菲达环保）前身是"诸暨化工机械厂，于 1969 年建立。1980 年改名为诸暨电除尘器厂，1984 年改名为浙江电除尘器总厂，1995 年组建浙江菲达机电集团有限公司（以下简称菲达机电集团），2000 年发起成立浙江菲达环保科技股份有限公司，由菲达机电集团控股。2002 年 7 月 22 日，菲达环保在上海证交所上市。菲达环保是全国最大的环保机械科研生产企业、环保产业中唯一的国家重大技术装备国产化基地、国家高新技术企业、国家环保科技先进企业、原国家机械工业局和浙江省大型重点骨干企业，是中国大气环境治理行业的排头兵，主要从事电除尘、烟气净化、气力输送等方面的开发、生产、销售、安装及其他工程服务"。[161]

"公司设有国家级企业技术中心、国家级工业设计中心、国家级博士后科研工作站、国家级院士专家工作站、燃煤污染物减排国家工程实验室除尘分实验室、省级环保装备研究院和下属 9 个研究所。公司在大气污染治理领域具有较强的科技开发、成果转化能力和丰富的工程经验。公司通过引进瑞典 ALSTOM、德国 FISIA BABCOCK 等跨国公司的先进环保技术，并经消化吸收、创新提高，使公司多项产品技术达到国际先进水平。"[162] 公司主要承接燃煤电厂及工业锅炉烟气环保装备大成套，以及固废处置、水污染治理、土壤生态修复等 EPC、BOT、PPP 建设工程，是集研发、设计、制造、建设、运行服务全产业链的大型环保企业。公司是集科研开发、生产制造、安装调试于一体的科技型生产企业，对外拥有自营进出口权，其安装服务是为公司主导产品提供安装调试及技术服务，并延伸到同行及国外电除尘器产品的烟气净化环保设备的安装、检修改造工作，工艺装备先进，科技人员门类齐全，具备工程总体承包能力，多次获省、部优秀成果奖，其中进口电除尘器改造被原国家科委列入"九五"星火计划。

安装服务主要承接国内外电除尘器（电袋除尘）、输灰、脱硫产品及其他环保工程的安装、检修改造及运行维护，机电设备安装，钢结构和烟气管道的安装等业务及相关产品的技术服务工作。从事安装服务高级工程师有 3 人，工程师有 21 人，一级建造师有 5 人，二级建造师有 22 人，三级项目经理有 6 人，持证安全员有 17 人（其中注册安全主任有 2 人），持证特殊工种有 280 多人。

40 多年来，菲达环保始终坚守环保产业，始终坚持以用户需求为导向，在重大技术装备研制过程中，走引进、消化、吸收、创新、提高的路子，不断提升自主创新能力，从而使菲达环保的技术和产品均达到国内领先、国际先进水平。产品出口 30 多个国家和地区，其中 100 万千瓦超超临界机组电除尘器国内市场占有率 60% 以上，荣获"中国名牌"称号。在美国、印度、新加坡以及中国的杭州、江苏等地设有研究院和产业基地，初步构建了国际化的公司布局。

"保护环境，造福人类"是公司的使命；"成为高端环保装备业的领航者"是公司的愿景；"专注、高效、超越、共享"是公司的核心价值观；"激情进取，整合创新，追求卓越"是公司的精神。创新是一个国家、一个企业保持基业长青的法宝，公司重视整合创新技术资源、管理资源、社会资源、市场资源、人力资源；解放思想，不断推进制度创新，技术创新、管理创新和文化创新；追求卓越，构建卓越文化，造就卓越员工。

一直以来，菲达环保坚持"立足环保机械行业，实现纵横向产品多元化、技术多元化、大成套、一条龙服务"的发展思路，不断地沿着国际大公司的战略方向发展。菲达环保致力于构建以人为本的企业文化，弘扬"忠诚、团结、勤奋、创新、报国"的企业精神，把人的生存和发展作为最高的价值目标，促进菲达环保和菲达环保人的全面发展。面对经济新常态，挑战与机遇同在，菲达环保人将肩负振兴民族环保装备业的时代使命，大力推进环保产业转型升级的发展战略，从环保装备制造业向环保装备制造业加环境服务业升级，把菲达环保打造成为一个全方位与国际接轨的跨国环保公司，为国家环境保护事业做出更大的贡献。

2. 菲达环保商业模式分析（见图 4-8）

KP（重要合作） 科研院所 中国地区及政府 国际合作，引进瑞典 AL-STOM、德国 FISIA BABCOCK 等跨国公司的先进环保技术	VP（价值主张） 专注于环保产业，通过持续的技术创新、管理创新，不断提升企业核心竞争力，矢志不移地为环保事业做出贡献	CS（客户细分） 集科研开发、生产制造、安装调试于一体的科技型生产企业 产品出口30多个国家和地区
KR（核心资源） 设有国家级企业技术中心、国家级工业设计中心、国家级院士专家工作站、国家级博士后科研工作站、燃煤污染物减排国家工程实验室除尘分实验室、省级环保装备研究院和下属9个研究所 行业唯一一家国家重大技术装备国产化基地	打造成为一个全方位与国际接轨的跨国环保公司	CH（渠道通路） 在美国、印度、新加坡以及中国的杭州、江苏等地设有研究院和产业基地，初步构建了国际化的公司布局 产品出口等
KA（关键业务） 主要承接燃煤电厂及工业锅炉烟气环保装备大成套，以及固废处置、水污染治理、土壤生态修复等 EPC、BOT、PPP 建设工程，是集研发、设计、制造、建设、运行服务全产业链的大型环保企业 主要从事电除尘、烟气净化、气力输送等方面的开发、生产、销售、安装及其他工程服务		CR（客户关系） 不仅追求经济效益，更追求社会效益，通过与客户、员工、供应商等分享利益，实现菲达环保与相关方的共同发展
CS（成本结构） 人员成本 生产成本 科技创新	RS（收入来源） 产品出售 服务提供	

图 4-8　菲达环保商业模式分析图

3.对菲达环保商业模式的综合评价

创建于 1969 年的菲达环保，进入环保装备业，借着改革开放的春风，历经艰辛的创业初期，从计划经济向市场经济转轨，经过努力，逐步发展成为国家重大技术装备国产化基地、全国大气污染治理装备行业龙头企业、全球最大的除尘设备供货商之一。公司凭借核心技术，在细分除尘超低排放改造市场占有率达 50% 以上，未来空间巨大。公司定位是从事电除尘、烟气净化、气力输送等方面的开发、生产、销售、安装及其他工程服务。公司与国际一些科技先进国家的公司加强联系，引进、消化与创新，并积极拓展国际市场，期望成为国际知名企业。今后，公司要进一步注重调动各方面资源，为我所有，获取利益相关者资源，并有所为、有所不为，谨慎确定关键业务，打造核心价值，平衡利益相关者各个方面的利益。

4.2.8　案例 8　徐州科融环境资源股份有限公司

1.科融环境介绍及其发展历程

徐州科融环境资源股份有限公司（以下简称科融环境）是国内环保行业的著名企业，科融环境脱胎于徐州陶瓷研究所，后更名为徐州引燃技术研究所，于 2010 年 12 月在深圳证券交易所创业板上市。公司在大中型锅炉点火及燃烧成套设备及相关控制系统领域有明显优势，在此领域属于技术领先企业。公司后来采取战略性决策，通过控股其他公司的方式进入环保产业各个领域，如今业务已遍布燃烧控制、锅炉节能、垃圾发电、烟气治理、水环境治理等领域，已成为新型综合性环保节能服务商。

公司传统业务为设计制造大中型锅炉点火、燃烧成套设备及相关控制系统，双强少油煤粉点火技术和烟风道燃烧器技术国内领先，等离子无油点火技术国内先进，公司在行业内树立了高品质、高性价比的品牌形象，在国际上也具有一定的影响力和知名度。

近年来，公司通过并购进入环保产业其他领域，"目前已拥有国内一流的环境综合治理能力，业务涵盖烟气治理、水利及水环境治理、生态环境治理、固废环境治理、土壤治理、环境监测、洁净燃烧、热电联产、热能工程、分布式能源管理等"。[163]

公司紧跟时代发展步伐和国家新经济发展模式下对于环保产业的要求，以市场为导向，以核心技术为依托，通过资本与产业的结合，着力打造一体化解决方案提供商和全方位环境综合服务商。

公司坚持科学发展、融汇和谐的发展理念，注重企业文化软实力的打造。公司探索科学的、可持续的发展道路，力求总揽全局、统筹规划，立足当前、着眼长远，兼顾各方、综合平衡，不断推进企业安全发展、积极发展、永续发展。公司以"融"为价值观核心，秉承宽厚的兼容精神和积极的融和态度，强调尊重、平等、包纳、互助，追求相互关联、互入互摄、和谐共处、圆融无碍。

公司以"拼搏、卓越、创新、共赢"为企业精神：以努力奋争、不畏艰险、敢于探索、勇于超越来体现拼搏精神；以卓然卓著、卓绝卓异、优秀杰出、精彩出众来彰显卓越；以大胆设想、小心求证、坚定意志、不断创造来追求创新；以积极审慎、平等包容、共识合作、互利互惠来提倡共赢。"让企业成为世界一流的环境综合治理平台公司"视为企业的愿景。公司致力于打造环境综合治理平台公司，为人类生存环境的治理与保护提供卓越的产品与服务。

坚持科技创新、技术为本，为公司发展提供不竭的动力。公司的科技实力积累历史可以追溯到 20 世纪 80 年代。公司在从科研机构发展成为上市企业的道路中一直秉承科技创新、技术为本的理念，高度重视凝聚和发展企业的科技实力。尤其是在 2009 年建立省级企业技术中心之后，通过不懈努力，公司在基础设施建设、产学研合作、人才引进、科技项目对接上取得显著成绩。持续的科技投入与经验积累为公司的发展带来了原动力。为满足环保、节能设备研发试验的需求，公司在徐州基地投资建设了"研发试验中心"，于 2012 年 9 月建设完成并投入使用。研发试验中心由试验装置和试验大楼组成。其中燃烧与点火试验装置为当时亚洲最大的该类试验装置。该试验装置主要由燃烧试验台和点火试验台组成，可分别进行 45MW、8MW、6MW、3MW 燃烧试验和 65MW点火试验。试验台为全密封结构，主要由燃烧器、燃烧室、试验炉、省煤器、空预器、除尘器等部分组成，主要功能是进行燃烧器稳态燃烧实验，以及燃烧器性能测试、燃烧温度场测试、燃烧产物成分分析、烟气污染物治理等。研发试验中心所建试验大楼占地面积 1 800 平方米，内设有光电实验室、理化实验室、热工实验室、精测室、集控室、办公室、会议室、陈列室等。

公司拥有一支创新意识与科技能力很强的科技团队。目前公司技术人员的规模保持在 500 人左右，研发人员达到 200 余人。科技团队中的高级工程师有 70 余人，硕士研究生及以上学历员工有 60 余人，本科及以上学历员工占比 80% 以上。

公司打破"封闭式创新思维"，自 2009 年以来，已经与国内多所知名高校签订产学研创新联盟合作协议，包括哈尔滨工业大学燃烧工程研究所、华中科技大学煤燃烧国家重点实验室、同济大学机械工程学院、上海交通大学机械与动力工程学院、成都电子科技大学自动化工程学院、浙江大学热能工程研究所。多年来，公司始终与高校及其科研院所保持着良好的学术交流和项目合作，先后取得了节油燃烧技术、大功率自动控制微波源、等离子发生器电极材料等多项科研成果。公司与中国工程院岑可法院士、秦裕琨院士及其科研团队合作，基于设在企业的两个院士工作站，开展环境治理与节能环保方面的科研工作。公司长期与浙江大学、上海交通大学、同济大学、电子科技大学、哈尔滨工业大学、中国矿业大学、华中科技大学、东南大学、华北电力大学等国内知名高校进行技术合作，在取得了一系列突出科技成果的同时，提升了企业自身团队的科技实力。公司多项技术荣获国家科技进步二等奖、国家技术发明二等奖、国家电力科学技术一等奖、国家机械工业科学技术一等奖；公司拥有国家重点新产品 5 项；公司设有企业院士工作站两个、国家级博士后科研工作站两个；公司是国家 863 计划、火炬计划科研课题承担单位，也是国家科技型中小企业技术创新基金重点项目承担单位；公司及 3 家子公司被认定为国家高新技术企业。

2. 科融环境商业模式分析（如图 4-9 所示）

3. 对科融环境商业模式的综合评价

"根据中国环境保护产业协会与中央财经大学绿色经济与区域转型

KP（重要合作）	VP（价值主张）	CS（客户细分）
公司已经与国内多所知名高校签订产学研创新联盟合作协议，多年来，公司始终与高校及其科研院所保持着良好的学术交流和项目合作 公司与河南省水利一局共同探讨 PPP 项目合作模式 公司通过并购进入环保产业其他领域	新型综合性环保节能服务商 一体化解决方案提供商和全方位环境综合服务商	服务工业企业为主

KR（核心资源）		CH（渠道通路）
以核心技术为依托，秉承科技创新、技术为本的理念，高度重视凝聚和发展企业的科技实力 注重企业文化建设，以"拼搏、卓越、创新、共赢"为企业精神 高品质、高性价比的品牌形象 研发试验中心设施 拥有一支创新意识与科技能力很强的科技团队		联盟合作 PPP 项目合作 第三方特许等

KA（关键业务）		CR（客户关系）
业务涵盖烟气治理、水利及水环境治理、生态环境治理、固废环境治理、土壤治理、环境监测、洁净燃烧、热电联产、热能工程、分布式能源管理等		与企业客户保持良好关系 与科研院所等机构构建合作关系

CS（成本结构）	RS（收入来源）
实施股权激励 设备成本 人员成本 管理成本	综合服务收入 资本运作能力强，强大资源助力增量 PPP 订单的获取以及公司外延扩张

图 4-9　科融环境商业模式分析图

中心发布的《2016 年环保产业景气：A 股环保上市企业》，筛选出主营业务收入比例大于 50% 的公司，共计 39 家，细分为大气污染防治、水污染防治、固废处理与资源化、环境修复、监测与检测共 5 个领域。39家环保上市公司 2015 年和 2016 年净利润共计分别约为 104 亿元和 113亿元，同比增长 20.74% 和 8.65%。而科融环境净利润亏损 1 个多亿元，成为 39 家环保上市公司中唯一亏损的公司。"[164] 显然，各种环境保护制度与政策的出台，成为环保产业快速发展、推进技术进步的主要力量，但是科融环保却遇此亏损的尴尬局面，如何扭转乾坤，是值得思考的问题。商业模式的创新无疑是公司业绩提升的可行路径。为此，要加强技术开发能力，同时加大业务开拓能力。此外，"公司控股股东具有较强的融资能力，可以助力 PPP 项目快速落地。公司控制权变更后深度梳理公司业务与管理层，明确发展方向，大力拓展公司业务，同时完善员工激励，增持将管理层利益与公司业绩绑定，彰显管理层信心。只要激励适应，方法到位，就有望凭借强大的资本运作能力和社会资源，助力 PPP 订单的获取以及公司外延扩张"。[165]

4.2.9 案例 9 河北先河环保科技股份有限公司

1. 先河环保介绍及其发展历程

1996 年 7 月 6 日，河北先河科技发展有限公司成立，"公司成立以来，专注于高端环境监测仪器的自主研发和生产，是集环境监测、治理、服务为一体的集团化公司。河北先河科技发展有限公司变更为河北先河环保科技股份有限公司（以下简称先河环保）之后，于 2010 年 11月在深圳创业板上市，是行业内首家上市公司。目前公司已成为国内自主创新能力最强、产品品种最全、规模最大的在线环境监测仪器专业生产企业。公司成立以来，通过持续技术创新，目前市值超过 60 亿元，下辖 9 个子公司，3 个研发中心，业务涵盖高端环境监测、VOCs 治理、运营服务、社会化监测等产业领域，公司现有产品主要包括空气、水质、污水、烟气、降雨五大在线连续自动监测系统产品和环境应急监测车共计六大产品系列，是国内唯一一家全系列产品都完全拥有自主知识产权的环境监测仪器生产企业。"[166]

先河环保提供的产品与服务主要包括：（1）空气系统产品。空气系统产品主要有空气质量连续自动监测系统、XHDAS2000B 型数据采集仪、中心站数据处理和控制软件、XHN2000B 型 NOX 自动监测仪、XHS2000B 型 SO_2 自动监测仪、XHOZ2000B 型 O_3 自动监测仪、XH-CO2000B 型 CO 自动监测仪、XHPM2000B 型 PM10 自动监测仪、XH-CAL2000B 型动态气体校准仪等。（2）污水系统产品。污水系统产品主要有 XH9005COD 在线自动监测仪、氨氮自动监测仪、高锰酸盐指数自动监测仪、总有机碳自动监测仪、紫外吸收水质在线监测仪、COD 快速测定仪、XH9001C 型恒温消解器等。（3）烟气系统产品。烟气系统有稀释法烟气排放连续自动监测系统和全抽取法烟气排放连续自动监测系统，产品主要有烟尘自动监测仪、气态污染物监测子系统、数据采集系统、烟气参数监测子系统、控制系统软件和中心站数据处理等。（4）水质系统产品。水质系统产品主要包括采配单元常规五参数自动监测仪、总有机碳自动监测仪、子站控制单元、中心监控软件等。（5）降雨系统产品。降雨系统产品主要包括 XHARS30C 冷藏型降雨自动采样器、XHRMS30 型降雨自动监测系统、XHRM30D 型降雨自动监测仪等。（6）环境应急监测车。环境应急监测车产品主要包括环境监察监测车、水质应急监测车、空气应急监测车、应急通讯指挥车等。

公司成立以来，坚持以市场需求作为发展导向。创新涉及好多方面，首先方向得是对的，要求公司准确研判行业发展趋势。作为一个企业，如果不能瞄准国家环境发展战略，不能预测未来市场需求，那么这种创新就缺乏实际意义。1999 年，公司在国内率先研制了"污水在线监测系统"；2002 年，研制了"地表水质在线监测系统"；2006 年，研制了"小型化浮标水质监测系统"。依托承担的国家重大水专项，2009 年研制用于自来水厂和城市饮用水管网使用的"饮用水水质在线监测系统"，2010 年研制"地下水水质监测系统"。目前，公司水质产品已基本覆盖污水、地面水、地下水、饮用水监测等各个方面，实现了饮用水从水源地到水龙头的全流程监控、预警。随着公众对大气环境治理和自身健康方面的关注日益升温，公司依托在环境监测领域积累的技术，开始涉足民用净化领域的研究，更好地为公众健康保驾护航。

　　正因为公司依靠科技创新战略，才实现了跨越式发展，成为中国民族环境监测装备产业的领航者。"把做全球最专业的高端环境监测仪器供应商为自己的战略目标，走开放创新之路，以北京研发中心为前沿，产业化园区为基地，整合科研院所、高校等社会资源，建立'产、学、研、用'相结合的开放创新体系。公司先后被评为国家创新型企业（试点）、国家火炬计划重点高新技术企业、重合同守信用企业、环保行业AAA级信用企业、河北省政府质量奖、河北省'巨人计划'创新创业团队等，并多次承担国家高技术产业化示范工程、国家863项目专题，多项技术研究成果居国际先进或国内领先水平。"[167]

　　立足企业发展实际，公司通过并购行业"小巨人"企业，快速汇聚创新要素，整合资源，增强创新能力。2013年8月，依托资本市场运作，公司并购了在全球重金属监测领域唯一一家被美国环保署（EPA）认可的美国CES公司，不仅直接获取了重金属监测技术和产品，而且间接引入了美国环保资深技术专家、CES公司创始人John Cooper博士及其技术团队，直接站到了全球技术前沿，并以此为平台，着眼国内外市场需求，整合公司原有产品，研制新型产品解决方案，开启国际化发展之路。2014年，公司收购了在两广地区占据环境监测市场优势地位的广东科迪隆与广西先得公司，在成都、重庆投资建厂，除进一步强化巩固了公司在监测市场的龙头地位和市场优势、获得大量优秀人才外，并直接借力珠三角地区、西南地区的创新平台及高端人才聚集优势，与总部石家庄形成了南北呼应的大创新格局，建立了创新投入与市场产出间的良性循环机制。公司走出一个国际化战略之路：代理国际品牌，优化高端产品线；共建技术中心，提升研发水平；跨国企业并购，打造国际竞争力。[168]

　　当前，公司紧跟互联网发展步伐，与时俱进，实施基于"环保+物联网"和"大数据"的先进理念，率先推行网格化精准监控及决策支持系统。在雄安新区开展的产业集群区域VOCs污染第三方治理新模式，开创了国内区域VOCs污染第三方治理的先河。目前，公司积极推行合同环境服务模式，从"卖设备""卖方案"向"卖服务""卖数据"转型。

2.先河环保商业模式分析（如图 4-10 所示）

KP（重要合作） 整合科研院所、高校等社会资源，建立了"产、学、研、用"相结合的开放创新体系 国际化发展之路	VP（价值主张） 一直专注于高端环境监测仪器的自主研发和生产，是集环境监测、治理、服务为一体的集团化公司	CS（客户细分） 对空气、水质、污水 COD、烟气、酸雨五大在线连续自动监测及环境应急监测车有需求的机构、企业等
KR（核心资源） 科技人才 依靠科技创新战略实现了跨越式发展 科技创新成果及能力 业内良好的声誉		CH（渠道通路） 合同环境服务模式 战略合作等
KA（关键业务） 业务涵盖高端环境监测、VOCs治理、运营服务、社会化监测等产业领域，公司现有产品主要包括空气、水质、污水、烟气、降雨五大在线连续自动监测系统产品和环境应急监测车共计六大产品系列，是国内唯一一家全系列产品都完全拥有自主知识产权的环境监测仪器生产企业 率先推行网格化精准监控及决策支持系统 国内区域 VOCs 污染第三方治理的先河 由单一产品向"产品+服务+运营"模式升级		CR（客户关系） 与政府、科研院所、企业保持良好关系
CS（成本结构） 设备成本 人力成本，尤其是科技人才高成本 合作成本 管理成本 沟通成本	RS（收入来源） 设备销售 咨询与服务 从"卖设备""卖方案"向"卖服务""卖数据"转型	

图 4-10　先河环保商业模式分析图

3.对先河环保商业模式的综合评价

商业模式画布图 9 个模块中任何一个都可以承担商业模式创新的驱动要素，并且每一个模块都可以有无穷变数，但是综合起来看，大致有资源驱动型、供给驱动型、客户驱动型及财务驱动型。先河环保依靠满足市场需求的先发优势，积极进行创新，并且不断累积，靠基础设备及合作伙伴的支持，形成一个开放性创新的自循环体系。目前，又紧跟互联网及大数据，加大自足创新步伐，这是该企业商业模式的主要特色，其绩效也是显著的，成为国内环境监测仪器仪表行业首家上市公司、国家重点高新技术企业，连续 5 年销售收入保持高速增长。

今后，公司要进一步加强商业模式创新。商业模式创新的目的无非有以下 4 种：满足未被响应的现实市场需求；将新的技术、产品或服务推向市场；用更好的商业模式来改进、颠覆现有市场或者推动产业结构转型；创造一个全新的市场。

公司要继续加大科技人才的培养，调动各方面资源。公司应坚持技术创新，力争创新研发具有超前性、持续性、实用性，以策略并购汇聚创新要素，拓展国内与国际市场，建立创新投入与市场产出间的良性循环机制。下一步，公司将在继续做大做强高端监测行业的基础上，持续推进技术创新，拓展环境治理综合业务，以更好地服务民生，推动产业结构转型升级，为实现生态义明做出更人贡献。

4.3　商业模式问卷调查及统计分析

4.3.1　问卷设计

由于企业之间存在激烈的竞争，多数企业均注意对自己的企业管理信息进行保密，尤其对技术创新、经营诀窍讳莫如深。由于对企业经营决策、合作伙伴以及协作效果、社会效益等方面很难进行定量分析，所以，研究企业商业模式多采取 Kikert 量化打分的方式，

Ketokivi and Schroeder 的研究发现："尽管随机误差和系统偏差会引起测量项目的一些变异，对绩效的感知测量仍然能够满足信度和效度的

要求。"不论是理论界还是企业界，人们都认可内部人对组织的信赖度，即使不去查阅财务资料，也能够对组织的运营状况有个基本的判断，甚至是比较深刻的了解。因此，工作要讲群众路线，制定战略策略要有从下至上的决策流程。[169]

由于商业模式反映着企业战略决策、商业活动的特点以及商业模式绩效，因此它是企业"创造、传递以及获取价值的基本原理"。[170]一个持续赢利的商业模式需要平衡利益相关者之间的关系，所以，企业价值、客户价值与利益相关者的价值实现的交集是商业模式要创造的利益组合。因此，问卷设计要涉及客户层面、企业层面和利益相关者层面，在利益相关者层面不仅要研究竞争对手，还要关注政府，尤其是政府政策影响比较大的行业，对商业模式有双重影响，表现为制约与激励，所以，要重点研究这些利益相关者。商业模式创新可以理解为，主动营造一个有利于自己发展的"小环境"。特别在互联网时代，跨界、融合、共享、创新是新时代的主题，经济环境产业政策，产业集聚对企业的影响很大。所以设计商业模式效能研究问卷也要考虑这些维度。为了把这些设想变成实际可操作的实施方案，笔者在大量研读有关参考文献的基础上完成问卷初稿。初稿完成后，笔者邀请东南大学博士研究生同学，已经毕业的师兄、师姐以及在高校科研院所工作的朋友帮忙审阅，提出建议，也广泛征求了部分企业中高层管理者的意见，还在东南大学导师召集的学术讨论会上进行了公开讨论，使最后将这些宝贵的意见进行归类、分析，作为修改的重要参考，使最终问卷具有针对性、易读性、间接性、逻辑性及可操作性。为了使问卷符合实际及满足调研的目的，在调查开始阶段，研究团队还在访谈基础上，根据现场回答的情况，进行互动与修改，一旦发现对含义及测量理解有异议，就进行深入交流，一同探讨如何完善表述方式，进而保证问卷的准确性与清晰性。问卷调查实施共用了 1 年时间，除了通过研究团队有目的针对性发放，笔者还利用出差、探亲等各种机会发放问卷，还通过企业中高层管理者培训讲堂以及各种经济管理方面的研讨会，进入企业进行实地发放，共发放问卷 600 份，回收 550 份，回收率 91.6%，去掉客观题回答不完整，雷同等不可信问卷，有效问卷为 511 份。

最终量表由三个部分组成，第一部分是"商业模式和企业市场绩效"，由二十五个问题构成，每个问题有"1、2、3、4、5"五个数字选项，1表示"极低"，2表示"低"，3表示"一般"，4表示"高"，5表示"极高"，分数越高，表示受访者对该选项的认可度越高。第二部分是"开放式问题"，由三个问题构成，分别是"贵公司实施商业模式创新的具体经验是什么？产业政策影响商业模式或商业模式创新的具体表现有哪些？商业模式影响企业绩效的具体表现有哪些？"。第三部分是"背景信息"，包括"性别、年龄、您所在企业成立时间、您在企业的身份"等问题。

第一部分二十五个选择题主要围绕以下几个方面展开：

1. 企业价值方面

商业模式是企业创造价值的逻辑，[176] 也是利益相关者利益平衡的艺术，利益不平衡，商业模式就难以持续发展。企业价值的创造是多个方面共同协作的结果，需要发挥企业核心资源与核心能力的配置作用，围绕企业的价值定位，提供消费者认可的产品与服务，还要有与竞争对手相比具有差异化的竞争优势。正如科特勒所说的，企业要创造客户价值，必须比竞争对手更好地满足客户的需求。这个模块设计的问卷项目主要体现企业、客户与竞争对手对企业价值实现的认可度。据此，设计的问题主要是："贵企业商业模式对现有业务扩展的支持度有多少？贵企业商业模式对关键资源的吸聚能力有多少？贵企业商业模式是否可以防止竞争对手模仿的程度？贵企业商业模式结构或流程的灵活度有多少？与同行、竞争者相比，您认为您企业商业模式的差异性在哪里？您的企业高层对商业模式创新的投入程度有多少？您的企业高层对商业模式创新失败的容忍程度有多少？"

2. 客户价值层面

客户价值的实现是企业价值实现的前提，某种意义上讲，企业价值与客户价值是同一个问题的两个方面。不过，从主体利益的角度来看，企业价值与客户价值又是明显不同的，因为企业实现利润是其不断发展的基础。就像科特勒所说的，企业可以短期不赢利，但是不可以长期不赢利，否则就难以为续。客户价值可以放到时间维度上进行考察，也可以放到关键要素的维度进行分析，换句话说，客户价值实现与否在于能否从竞争对手那里获取更多的价值，该公司的商业模式对潜在的顾客是否有吸引力，能否让顾客对企业的未来充满信心。这些可以提高客户的忠诚度，拥有一批忠诚的客户是客户价值得以实现的关键，也是客户价值获取的体现。基于以上分析，问卷设计了以下几个项目："当前贵企业商业模式的盈利能力如何？未来贵企业商业模式的盈利潜力如何？目标顾客对企业产品（服务）满意度如何？贵企业产品（服务）相对于竞争对手的独特性程度如何？贵企业商业模式对潜在参与者的吸引力如何？您对当前企业市场绩效水平的认可度如何？您认为当前商业模式对企业市场绩效的贡献程度如何？您对当前商业模式铸就未来三年企业市场绩效的信心如何？"

3.利益相关者层面

随着互联网技术飞速发展，信息技术日新月异，组织跨界、融合创新已经成为新常态，传统的价值链让位于价值网络，商业模式的研究已经置于商业生态的背景下，企业的商业模式已经单独发挥作用，往往嵌入整个商业生态之中，甚至一个企业也只是一个商业生态的一个生态位，一个"棋子"，所以，商业模式的研究要在大商业生态集合中进行，商业生态的主体范围就更大了，传统的企业利益相关者也将有更大的范畴，所以，研究商业模式需要用更大的视域来审视商业模式，因此，研究商业模式必须重视利益相关者的研究。据此，问卷设计了以下几个问题："生态社会对贵企业产品（服务）的认知度如何？合作伙伴对贵公司商业模式的满意度如何？贵企业商业模式各合作伙伴间的相互支持度如何？贵企业商业模式各主要合作伙伴间的利益共赢程度如何？贵企业商业模式各合作伙伴间的关系稳定程度如何？贵企业商业模式各合作伙伴间的知识共享程度如何？产业集聚对贵企业商业模式功能发挥的促进程度如何？产业集聚对贵企业商业模式创新的促进程度如何？产业政策对贵企业商业模式创新的促进程度如何？贵企业商业模式对产业政策的依赖程度如何？"

4.3.2　商业模式与绩效调查问卷

1.调查问卷

商业模式创新与企业绩效调查问卷

尊敬的先生/女士：

您好！非常感谢您在百忙之中填写这份问卷。商业模式以价值创造为核心，介绍企业如何创造价值，传递价值和获取价值的基本原理。商业模式创新就是企业价值创造核心逻辑的再造。本调研活动旨在探索商业模式创新与企业绩效之间的关系，调查结果仅用于学术研究，对于您提供的信息完全保密，不会将您的问卷透露给任何第三方。感谢您的大力支持。

第一部分：商业模式和企业市场绩效

1 表示"极低"，2 表示"低"，3 表示"一般"，4 表示"高"，5 表示"极高"，请在对应的数字上打"√"（见表 4-2）。

表 4-2　　　　　　商业模式和企业市场绩效调查表

1.社会对贵企业产品（服务）的认知度	1□ 2□ 3□ 4□ 5□
2.目标顾客对企业产品（服务）满意度	1□ 2□ 3□ 4□ 5□
3.贵企业产品（服务）相对于竞争对手的独特性	1□ 2□ 3□ 4□ 5□
4.合作伙伴对贵公司商业模式的满意度	1□ 2□ 3□ 4□ 5□
5.贵企业商业模式可以防止竞争对手模仿的程度	1□ 2□ 3□ 4□ 5□
6.当前贵企业商业模式的盈利能力	1□ 2□ 3□ 4□ 5□
7.未来贵企业商业模式的盈利潜力	1□ 2□ 3□ 4□ 5□
8.贵企业商业模式各合作伙伴间的相互支持度	1□ 2□ 3□ 4□ 5□
9.贵企业商业模式各主要合作伙伴间的利益共赢度	1□ 2□ 3□ 4□ 5□
10.贵企业商业模式各合作伙伴间的关系稳定度	1□ 2□ 3□ 4□ 5□
11.贵企业商业模式各合作伙伴间的知识共享度	1□ 2□ 3□ 4□ 5□
12.贵企业商业模式对现有业务扩展的支持度	1□ 2□ 3□ 4□ 5□
13.贵企业商业模式对潜在参与者的吸引力	1□ 2□ 3□ 4□ 5□
14.贵企业商业模式结构或流程的灵活度	1□ 2□ 3□ 4□ 5□
15.贵企业商业模式对关键资源的吸聚能力	1□ 2□ 3□ 4□ 5□
16.贵企业商业模式对产业政策的依赖度	1□ 2□ 3□ 4□ 5□
17.产业集聚对贵企业商业模式功能发挥的促进度	1□ 2□ 3□ 4□ 5□
18.您对当前企业市场绩效水平的认可度	1□ 2□ 3□ 4□ 5□
19.您认为当前商业模式对企业市场绩效的贡献度	1□ 2□ 3□ 4□ 5□
20.您对当前商业模式铸就未来三年企业市场绩效的信心	1□ 2□ 3□ 4□ 5□
21.与同行、竞争者相比，贵企业商业模式的差异性	1□ 2□ 3□ 4□ 5□
22.您的企业高层对商业模式创新的投入程度	1□ 2□ 3□ 4□ 5□
23.您的企业高层对商业模式创新失败的容忍度	1□ 2□ 3□ 4□ 5□
24.产业集聚对贵企业商业模式创新的促进度	1□ 2□ 3□ 4□ 5□
25.产业政策对贵企业商业模式创新的促进度	1□ 2□ 3□ 4□ 5□

第二部分：开放式问题

1.贵公司实施商业模式创新的具体经验是什么？

2.产业政策影响商业模式或商业模式创新的具体表现有哪些?

3.商业模式影响企业绩效的具体表现有哪些?

第三部分: 背景信息 (请您根据实际情形在备选答案上划 "√")

1.您的性别: 男 □ 女 □

2.您的年龄: 20 岁以下□   21-30 岁□   31-40 岁□

41-50 岁□   51-60 岁□   60 岁以上□

3.您所在企业成立: 不到 1 年□ 1-5 年□ 6-10 年□ 10 年以上□

4.您是企业的: 普通员工□   基层管理者□

中层管理者□   高层管理者□

2.调查问卷分析

扎根理论是一种定性研究方法,主要理论基础是理论要来源于实际的原始资料,对这些原始资料进行归纳提炼,可以上升为系统的理论。这是一种自下而上的构建实质理论的方法,其基本思路是: 知识是靠积累形成的,这是一个不断从事实到实质理论,然后再到形式理论的循序渐进的过程。因为,从原始资料直接过度到形式理论的跳跃性太大,会产生许多疏漏,所以,要从原始资料出发,将许多概念和观点进行整合、浓缩、提炼生成一个整体。不过,在构建理论的过程中要保持敏感,注重捕捉新的理论产生的线索。同时,要注意不断比较,从概念到类属,到整合,再梳理之间关系,勾勒理论初步,回到原始资料验证,最后进行理论阐述。其实,这个过程是符合认知事理的一般规律的,是从感性认识到理性认识再到感性认识的过程,构成循环往复的逻辑过程。在此过程中,还必须处理原始资料、前人研究成果与个人理解之间的关系,这三者之间是互动关系。

具体操作程序为: (1) 一级编码。以开放的心态,抛弃个人选择性理解与过去理论的约束,将所有材料按照其本身呈现状态进行登录。目的是从资料中发现概念类属,并加以命名。(2) 二级编码。该阶段的主要目的是发现与建立概念类属之间的关系,围绕这一类属寻找相互关系,故又称之为 "轴心登录"。(3) 三级编码。对已经发现的类属进行梳理,选择一个 "核心类属",分析不断地集中的与核心类属有关的编码,核心类属起到提纲挈领的作用。对核心类属的分析不断深入,理论便会自然而然地往前发展。基于以上的分析，本案例借鉴此思路分析开放性问题。

第一，贵公司实施商业模式创新的具体经验是什么？

对这个问题，不同企业背景与不同的受访者给出的答案，可谓仁者见仁，智者见智。不过，抽象掉具体的企业背景，这些答案有其内在的商业模式管理的共性或一致性，因此，可以借助扎根理论研究的思路，对受访者的回答进行梳理。下面内容保持回答者的原貌，将源于一个企业的回答内容合并为一个来源，R 表示资料来源，后面的数字表示序号，没有严格的先后关系，只是为了研究整理的方便，对于资料中提炼的概念，用 a 表示，后面的序号表示依据资料来源而整理的顺序，也没有严格的先后关系。

文章从问卷中整理关于第一个问题的回答，有 39 个资料来源，共提炼出 66 个概念，概括为 8 个范畴，范畴是基于基本概念的重新整合与分类，以此作为后面研究的重点（如表 4-3 所示）。

表 4-3　　　　　　　　问卷开放问答题 1 回答的分析归纳表

原始资料语句	概念化	范畴化	范畴的性质
R1 客户洞察 a1 R2 我公司的具体经验是必须以客户为中心，由占领市场转向占领客户。精心研究客户需求，从客户角度出发，在争取新客户的同时留住老客户 a2　a3 R3 商业模式创新的核心就是以价值创新为灵魂，以占领客户为中心 a3 R4 千方百计想客户所想、根据市场需要完善客户所所需产品要求 a4 R5 具体的商业模式是企业为价值创造提供基本逻辑的变化，即把新的商业模式引入社会的生产体系，并为客户和自身创造价值，通俗地说，商业模式创新就是指企业以新的有效方式赚钱 a5　a6　a7　a8 R6 互联网+商业模式创新时代 a9 a10	a1 顾客感知 a2 客户中心 a3 客户忠诚 a4 客户导向 a5 价值创造 a6 客户价值 a7 企业价值 a8 价值实现 a9 互联网+ a10 商业模式创新 a11 市场导向 a12 创造市场 a13 渠道创新 a14 客户满足 a15 实事求是 a16 挖掘潜力 a17 创新意识 a18 观念创新 a19 跨界融合 a20 响应能力 a21 平台模式 a21 行业优势 a22 标杆管理 a23 产业集聚	a11 市场导向 a50 市场调查 a28 市场细分 a34 生活品质 a41 市场定位 范畴化为 A1 市场定位 a14 客户满足 a15 实事求是 a16 挖掘潜力 a20 响应能力 a12 创造市场 a37 市场驱动 范畴化为 A2 主动驱动市场创新	A1 的性质是确立市场导向，深入进行市场调研，选准细分市场，以客户生活更美好 A2 满足客户需求，需要面向企业实际，深入挖掘客户深层次需求，快速响应市场变化，适应市场，更有必要主动发现市场，创造市场

续表

原始资料语句	概念化	范畴化	范畴的性质
R7 不依靠政府的计划指标，以社会市场经济需求为导向 a11 R8 基于客户洞察建立商业模式 a1	a24 价值网络 a25 互联网时代 a26 节能增效 a27 价值主张 a28 市场细分 a29 成本结构	a6 客户价值 a40 产品质量 a27 价值主张 范畴化为 A3 价值主张	A3 的性质是，客户价值实现是通过具体的产品与服务，质量有保障的
R8 企业在市场研究上投入了大量的精力，然而在服务和商业模式上却往往忽略了客户的观点。良好的商业模式设计应该避免这个错误，需要依靠对客户的深入理解，包括环境、日常事务、客户关心的焦点及愿望。正如汽车制造商先驱亨利·福特曾经说过的那样："如果我问我的客户他们想要什么，他们会告诉我'一匹更快的马'" a11 a12	a30 利润潜力 a31 价值网 a32 竞争优势 a33 人性化 a34 客户生活品质 a34 客境优化 a36 产业集聚升级 A37 市场驱动产品创新	a53 顾客痛点 a1 顾客感知 a2 客户中心 a3 客户忠诚 a4 客户导向 范畴化为 A4 顾客体验	A4 的性质是针对客户的痛点，围绕客户需求，不断增加客户感知，不断丰富客户体验，培养客户忠诚
R9 另一个挑战在于要知道该听取哪些客户和忽略哪些客户的意见。有时，未来的增长领域就在现金牛的附近。因此商业模式创新者应该避免过于聚焦于现有客户细分群体，而应该盯着新的和未满足的客户细分群体。许多商业模式创新的成功，正是因为它们满足了新客户未得到满足的需求 a1 a12 R10 以前所未有的方式提供已有的产品或服务 a13 R11 为客户提供优质服务，为客户提供一切流程需要 a14	a38 试错 a39 获取外部资源 a40 产品质量 a41 市场定位 a42 可持续 a43 关注内部客户 a45 产品设计 a46 产品质量 a47 优秀员工 a48 和谐环境 a49 合作 a50 市场调查 a51 循序渐进	a9 互联网+ a25 互联网时代 a58 创新 a55 互联网新营销 a19 跨界融合 a33 人性化 范畴化为 A5 新经济背景	A5 的性质是，分析商业模式创新要考虑企业所处的互联网时代背景，互联网+所呈现的是跨界、融合、创新、包容，不断彰显人性的光芒
R12 和原有的商业模式不能偏离，要符合企业的实际情况，不能一味模仿，要通过商业模式创新挖掘本企业存量资产，创造更多的价值，为客户带来更多的增值收益，实现共赢 a15 a16 a7 R13 创新意识提高了，服务态度转变了，转变观念和理解 a17 a18 R14 以经济联盟为载体 a19 R15 经营模式改变了 a10	a52 销售创新 a53 顾客痛点 a54 品牌营销 a55 互联网新营销 a56 全员参与 a57 商业网络 a58 创新 a59 减员增效 a60 绩效管理 a61 价值创造逻辑 a62 价值链 a63 获取利润 a64 理念创新 a65 方法创新 a66 效能评测	a57 商业网络 a24 价值网络 a31 价值网 a62 价值链 a23 产业集聚 a36 产业集聚升级 范畴化为 A6 商业生态	A6 的性质是产业集聚及其不断升级，是商业生态演化的必然。企业商业模式演化，从关注局部，到关注全局，从聚焦价值链，到转向价值网，是企业从着眼竞争，走向竞合的必然
R16 以应变能力为关键，以信息网络为平台。我们还以信息网络为平台，通过商务电子化把企业经营的商务活动，通过信息技术实行电子化。数字化运作，这大大提高了效率，降低成本，缩短周期，增强了企业的竞争能力		a21 行业优势 32 竞争优势 a35 环境优化 a39 获取外部资源 a48 和谐环境 a49 合作 范畴化为A7营造有利于自己发展的微环境	A7 的性质是，商业模式创新不仅要关注内部资源，更要注重获取外部资源。不仅要适应环境，更要主动创设利于自己发展的微环境

续表

原始资料语句	概念化	范畴化	范畴的性质
a20 a21 R17 参与行业展会，了解行业发展现状，参与行业智库的分析会，接纳行业智库的信息，盯住行业第一名的发展方向，跟随变化而变化 a21 a22 R18 集聚水平逐步提升迄今省级现代服务业集聚区已由当初的 47 个增加到 113 个，涵盖科技创业园、现代物流园、软件产业园、创意产业园、中央商务区、产品交易市场等领域，产业集聚水平不断提升 a23 a24 R19 互联网+商业模式创新时代；无论在任何时代和任何背景下，企业的发展都不该偏离本属的核心；节能降耗；提高劳动生产率		a10 商业模式创新 a65 方法创新 a5 价值创造 a17 创新意识 a18 观念创新 a21 平台模式 a38 试错 a51 循序渐进 范畴化为 A8 创新思路	A8 的性质可以概括为创新思路，创新是商业模式发展的根本，源头活水，是不竭动力，包括有创新意识、有创新观念与方法，也要有不断试错的认知与耐心，循序渐进，方得要义
a25 a26 R20 商业模式应该具有 6 个功能：即（1）清晰地说明价值主张，即说明基于技术的产品为用户创造的价值。（2）确定市场分割，即确定技术针对的用户群。（3）定义公司内部的价值链结构，来生产和经销产品。（4）在一定的价值主张和价值链结构下，评估生产产品的成本结构和利润潜力。（5）描述价值网中连接供应商和顾客的公司位置，包括潜在进入者和竞争者。（6）制定竞争策略，创新性的公司将通过此策略获得和保持竞争优势		a43 关注内部客户 a56 全员参与 a59 减员增效 a60 绩效管理 范畴化为 A9 内部管理	A9 的性质是企业的商业模式创新也是一个组织创新的过程，必然涉及企业管理的职能，调动员工积极性，实施有效的绩效管理是取得成效的必由之路
a27 a28 a29 a30 a31 a32 R21 企业在生产产品时，更注重客户的需求 a4 R22 现代服务业集聚区导致各企业不得不推进创新先进人性化大众化的商业模式 a33 R23 商业模式创新不只是简单的更新推进，人们需要的是满足自身要求且能够接受，更能提高生活水平的产品		a7 企业价值 a8 价值实现 a13 渠道创新 a52 销售创新 a54 品牌营销 a22 标杆管理 范畴化为 A10 价值创造	A10 的性质是企业价值与客户价值的创造，需要企业可以控制的销售、渠道、品牌等方面不断创新，与需要盯住行业标杆与竞争对手，不断学习，借力超越
a34 R25 发展环境不断改善。我省高度重视培育和发展现代服务业集聚区，尤其是近两年来，更是突出重点。规模经济初显效应。据统计，2013 年，我省省级现代服务业集聚区实现营业收入 9949 亿元，共有入区企业 69300 多家，吸纳就业人数 105 多万人，与 2010 年相比，分别增长 211.3%、215% 和 58.37%。集聚区经济总量、企业实力和吸纳就业能力快速提升，规模经济和范围经济效应初步显现		a26 节能增效 a29 成本结构 a30 利润潜力 a63 获取利润 a66 效能评测 a42 可持续 范畴化为 A11 赢利能力	A11 的性质是谋求可持续发展，获取利润最大化是需要努力降低成本，挖掘赢利潜力，并时时监控与评估，不断完善

续表

原始资料语句	概念化	范畴化	范畴的性质
a35 a36 R26 通过对市场的了解，产品的创新。先实践，实践中发现更好的方法，去改变，不断优化流程			
a37 a38 R27 通过创业导师提供的一些建设性意见及建议，进行市场调查，配合实际行动，不断摸索并且时刻注重产品的质量			
a39 a40 R28 把握商机，做好业务定位			
a41 R29 把商业模式转化成为一家可持续的公司，或者实施商业模式			
a42 R30 收集员工平时工作时候的问题和提出的意见，通过实践去尝试改善，不断优化和收集问题再进行优化。			
a43 a38 R31 企业在市场研究上投入了大量的精力，然而在设计产品、服务和商业模式上却往往忽略了客户的观点。良好的商业模式设计应该避免这个错误，需要依靠对客户的深入理解，包括环境、日常事务、客户关心的焦点及愿望			
a44 R32 在企业进行创新时首先要注重产品的外观，其次注重产品的质量。因为在顾客心里外观是第一，其次是质量，这也是商业创新的一大关键点。良好的商业模式也需要有优秀的员工与和谐的工作氛围			
a40 a45 a46 a47 a48 R33 加强与其他公司的合作，提高产品质量，提升知名度			
a49 a46 R34 首先进行市场调查，在市场调查的基础上制定相应的计划，计划制定完毕后小规模推广，进行实践，检查计划是否能运用于实践中，根据实践中出现的问题进行调整，最终大规模推广			
a50 a51 a38 R35 易捷便利店和油卡的绑定式消费促进了油品销售，也促进了便利店的消费			
a52 R36 爆品研发"金三角法则"：（1）痛点法则。要把"用户至上"变成价值链和行动，而不是嘴上说说。如何找到用户最痛的那一根针，而不是靠渠道；如何把用户变成粉丝，而不是在买完产品后老死不相往来。（2）尖叫点法则。联网的产品战略。如何让产品会说话，而不是靠口碑；如何让产品尖叫，产品口碑，而不是靠营销强推。（3）爆点法则。营销战略。如何用互联网营销打爆市场，而不是靠广告；如何用社交营销的方式放大产品力，而不是靠明星			

续表

原始资料语句	概念化	范畴化	范畴的性质
a53 a54 a55 R37 以点带面。动员所有人，从小事做起以点带面，扩大商业网络 a56 a57 R38 打破常规，精减人员，优化排班增效。有合理的绩效薪酬考核办法及奖罚办法 a58 a59 a60 R39 商业模式是指企业价值创造的基本逻辑，即企业在一定的价值链或价值网络中如何向客户提供产品和服务、并获取利润的，通俗地说，就是企业如何赚钱的。商业模式创新的关键环节是创新理念、创新方法以及相应的评价方法 a61 a62 a63 a64 a65 a66			

问题 1 分析小结：

以上原始资料来源于不同企业，通过概念提炼与范畴化，可以达到接近抽象之一般，不过，这其中不可能不夹杂个人的理解，同时也不能忽视研究水平之局限，比如在归类与范畴化时，难免会用到以前的有关管理学理论、营销学理论以及前人关于商业模式的研究，只能尽量不受这些干扰。而概括之后，发现又有不少和前人是一致的，不过也进一步证明，理论具有可信性及传承性。

将以上 11 个方面范畴化之后，对各个范畴的内涵做了界定，下面就要厘清范畴之间的关系，整合并进一步提炼概念，并以一条"理论故事"的线索来重新构念新的理论。

仅仅就问卷所得，商业模式创新的具体经验是什么？可以梳理概括为：企业要树立顾客导向的理念，深入调研，挖掘客户需求，锁定细分市场，主动适应市场，更要创造市场。在新经济背景下，积极营造有利于自己发展的微环境，加强内部管理，在生态环境中优化自己在价值链中的地位，大力实施全面创新，降低成本，构建利润池，不断创新赢利能力，并争取可持续发展。如果根据以上内容进一步用一句话来概括，就是商业模式创新的经验是"以客户为中心全面创新。"（针对已有的客户不断创新，针对潜在客户，不断挖掘，全面创新，培养客户忠诚。）

第二，产业政策影响商业模式或商业模式创新的具体表现有哪些？

问卷开放问答题 2 回答的分析归纳如表 4-4 所示：

表 4-4　　　　　　问卷开放问答题 2 回答的分析归纳表

原始资料语句	概念化	范畴化	范畴的性质
R1 多元化发展,适应社会发展的脚步,能得到政府的大力支持 a1 a2	a1 商业模式多元化	a2 政府支持 a7 影响面广 a6 产业聚集	A1 的性质:政府支持产业发展总是在一定的环境下。目前,随着互联网技术飞速发展,任何企业无不受此影响,电子商务几乎成为企业一个必不可少的工具,至少电子交付已为减少交易成本的工具,所以,探讨产业政策影响商业模式发展情况,要面对这个情景
R2 机器替代人工 a3	a2 政府支持 a3 技术进步	a36 互联网 a6 互联网行业 a32 推广电子商务	
R3 政府政策引导公司投入,技术升级改造。政府环保能效要求,促使公司经营整改。政府指导和要求,让公司自我完善和自我提升 a4 a5 a6	a4 引导投资 a5 引致技改 a6 引致整改	范畴化为 A1 产业政策情境	
R4 带动发展,全员参与。影响面广了。又好又快发展,税收政策的调整,营改增。机械智能化替代人工,了解国家创业富民政策,拓宽创业融资渠道的对策,这些对策将有助于中小创业企业平稳渡过初创期,提高初创企业存活率 a7 a8 a9 a10 a11	a7 影响面广 a8 税收政策 a9 人工智能 a10 融资渠道 a11 初创企业存活率 a12 客户中心 a13 客户体验 a14 技术与商业模式创新融合		
R5 传统工业时代,所有的商业模式创新都是"以公司为中心",成功要素是技术创新、工厂以及渠道,用户不是不重要,而是在整个价值链上处于非核心位置。互联网时代,所有的商业模式创新都是"以用户为中心",成功要素不再是工厂、渠道等,而是杀手级硬件体验、杀手级软件体验,甚至让用户成为粉丝 a12 a13	a15 线上线下互动 a16 产业政策引致更新观念 a17 产业政策导引导产业转型 a18 用户成为粉丝	a34 时事政策 a58 一带一路 a60 国家发展战略引致资源整合 a37 文化产业 范畴化为 A2 国家发展战略决定产业政策	A2 的性质是中国"一带一路"等重大发展战略将影响着国家产业政策,进而影响着资源的配置情况
R6 现都已互联网浪潮的融合商业发展模式。比方说:客户线上充值线下消费 a14 a15	a19 价值链 a20 线上线下结合		
R7 产业政策改变了商业模式,商业模式由原来的"以公司为中心"改为"以用户为中心" a16	a21 渠道创新 a22 行业竞争 a23 消费者剩余增大	a16 产业政策引致更新观念 a17 产业政策导引引导产业转型 a27 产业政策影响产量 a4 引导投资 a5 引致技改 a6 引致整改 a9 人工智能 a28 政策引致变革 a55 环保政策引致企业投入加大 a56 环保政策给有关企业带来挑战 范畴化为 A3 引致效应	A3 的性质是政府产业政策是产业发展的风向标,其背后是产业发展理念的支持,机遇与挑战并存。所以,引致企业发展理念的更新,引导企业投资走向,迫使企业加快技术进步,引发企业内部经营模式改革
R8 国家的限购令对房地产市场进行调试,同时也冲击了房地产市场,从而致使地产公司另辟蹊径,转型至服务业或其他产业 a17	a24 产品与服务创新 a25 产业创新 a26 差异化		
R9 互联网时代,所有的商业模式创新都是"以用户为中心",成功要素是让用户成为粉丝。要把"用户至上"变成价值链和行动,而不是嘴上说说 a18 a19	a27 产业政策影响产量 a28 政策引致变革 a29 合同能源管理		
R10 店面和网络结合,拓宽了销售渠道 a20 a21	a30 利益分配机制 a31 市场细分		
R11 行业之间的竞争性,为顾客提供更好的服务 a22 a23	a32 推广电子商务 a33 线上线下同步	a52 商业模式创新系统性	
R12 提供全新的产品或服务、开创新的产业领域,或以前所未有的方式提供已有的产品或服务。企业的产品与其他企业存在着差异	a34 时事政策		

续表

原始资料语句	概念化	范畴化	范畴的性质
a24 a25 a26 R13 受国家取消漫游的政策影响，产量会较低，通过员工意见和提出的问题，开大会经讨论不断的进行改善 a27 a28 R14 合同能源管理是节能服务产业中典型的创新模式，它的精华之处在于从理论上解决了用能单位实施节能改造动力不足的问题，创造了一个合理的利益分配机制。这一模式被引入到环保领域，产生了合同环境服务，在这一模式下，环境责任主体以合同或契约的方式，向专门提供环境服务的企业采购集投融资、设备集成、工程建设、运营乃至对最终环境效果的承担责任于一体的综合环境服务，并依据环境效果支付相应的费用 a29 a30 R15 公司主要面向学生群体，所以跟同类型公司主打方向不同，同类型公司主要做业务市场，我们公司主要做学生培训市场 a31 R16 全部实施电子化，线上线下同步 a32 a33 R17 受完的"十九大"影响，环保政策影响，产品出货影响较大 a34 a35 R18 互联网给文化产业带来了诸多新变化，这不仅仅表现在业务类型、市场范围、传播媒介等一般产业特征，更关键的变化是互联网改变了文化产业的思维模式，例如，互联网领域的价值评价是颠覆传统的，京东连续亏损了10年，但市场价值很高，传统的投资理念——"投资给当下赚钱的企业"演变为"投资给当下亏得有道理的企业"。因此，文化产业企业要适应互联网潮流就必须在根本上转变思维模式。互联网最大的特点就是规模化，人们在互联网平台上可以做任何事，但追求规模就需要大量投资，最后只能少数人赚钱，最有BAT这些大型互联网平台才能做到，而刚刚起步的中小互联网平台应该集中力量开辟独家产品资源 a36 a37 a38 a39 a40 a41 R19 好的产业政策推动各商业模式向前进，也能带动商业模式创新的成果 a42 R20 产业政策不应只是对某些企业有利，而应面向更多大众企业，最终是能让人民接受称赞 a43 R21 可以享受相应优惠政策	a35 质量约束 a36 互联网 a37 文化产业 a38 颠覆传统 a39 颠覆创新 a40 规模效应 a41 马太效应 a42 产业政策促进商业模式创新 a43 产业政策要考虑受益面 a44 政策优惠 a45 模式壁垒 a46 集成创新 a50 商业模式创新是企业发展动力 a51 商业模式创新以客户为中心 a52 商业模式创新系统性 a53 全新的产品与服务 a54 可持续盈利能力 a55 环保政策引致企业投入加大 a56 环保政策给有关企业带来挑战 a57 跨界融合 a58 一带一路 a59 资源整合 a60 国家发展战略引致资源整合 a61 金融政策 a62 财税政策 a63 产业聚集 a64 商业模式创新还包括服务创新、组织创新 a65 互联网行业 a66 客户偏好 a67 规模经济 a68 独特资源 a69 高效团队 a70 优惠政策	a51 商业模式创新以客户为中心 a73 市场需求 a12 客户中心 a31 市场细分 a75 目标客户 a66 客户偏好 a13 客户体验 a18 用户成为粉丝 a68 独特资源 a64 商业模式创新还包括服务创新、组织创新 范畴化为A4产业政策影响下的商业模式创新机理 a43 产业政策要考虑受益面 a44 政策优惠 a70 优惠政策 a8 税收政策 a10 融资渠道 a35 质量约束 a3 技术进步 a61 金融政策 a62 财税政策 范畴化为A5产业政策内容 a42 产业政策促进商业模式创新 a50 商业模式创新是企业发展动力 a26 差异化 a71 盈利模式创新 a14 技术与商业模式创新融合 a29 合同能源管理 a46 集成创新 a80 全面创新 范畴化为A6产业政策促进商业模式创新	A4的性质是产业模式创新具有系统性，要坚持客户导向，研究市场，细分市场，锁定目标，不断增强客户体验，培养顾客忠诚，做到这一点要发挥资源及能力的效能，实施全面创新，这些可以概括为产业政策影响下的商业模式创新机理 A5的性质是产业政策对企业的影响，可概括为约束与激励两个方面，约束层面有质量要求、产量要求、技术要求等。激励方面，产业政策对产业发展有引导作用，必然利于部分企业，获得不少优惠，如财税、金融、土地等优惠 A6的性质是产业政策促进商业模式创新，进而为企业发展注入动力，概念性框架是寻求差异化路径与赢得差异化优势，通过技术与商业融合，深化第三方治理模式，实施全面集成创新

续表

原始资料语句	概念化	范畴化	范畴的性质
a44 R22 难以被竞争者模仿，需要企业组织的较大战略调整，是一种集成创新 a45 a46 R23 国家对食品质量要求严格，企业不得不在产品上创新 a47 R24 如果企业整体态势呈现下滑趋势，利润为负，竞争力减弱时，企业的管理者们更倾向于制订不同的经营战略来改变现状。因此，企业盈利现状是企业内部驱动着管理层做出相关创新思考的突破点 a48 a49 R25 商业模式创新是一种新的创新形态，推动商业模式的创新，可以为企业提供增长的长期动力，更有助于企业转型，提高企业国际竞争力	a71 盈利模式创新 a72 利润最大化 a73 市场需求 a74 自身完善 a75 目标客户 a76 资源能力整合 a77 企业家才能 a78 企业家精神 a79 内部管理 a80 全面创新	a76 资源能力整合 a59 资源整合 a19 价值链 a21 渠道创新 a24 产品与服务创新 a53 全新的产品与服务 a15 线上线下互动 a20 线上线下结合 a33 线上线下同步 a67 规模经济 范畴化为 A7 产业政策影响下商业模式变革路径	A7 的性质为新经济背景下，产业政策与时俱进。企业要增强资源整合能力，加强价值链环节创新，通过创新产品与服务，在创新的渠道模式上，协同线上线下，传递价值，达成规模经济，实现价值创造
a50 R26 第一，商业模式创新更注重从客户的角度，从根本上思考设计企业的行为，视角更为外向和开放，更多注重和涉及企业经济方面的因素。第二，商业模式创新表现的更为系统和根本，它不是单一因素的变化。第三，从绩效表现看，商业模式创新如果提供全新的产品或服务，那么它可能开创了一个全新的可赢利产业领域，即便提供已有的产品或服务，也更能给企业带来更持久的赢利能力与更大的竞争优势 a51 a52 a53 a54 R27 政府的产业政策影响港口的生产，比如政府根据国家环保的要求就使企业的生产要比以往的投入要加大的多。煤炭产业政策使企事业的经营生产要比以往艰难的多 a55 a56 R28 在"文化+"的市场背景下，文化产业与其他产业的融合发展催生了各种新型商业模式，主要包括：平台规模化与资源独特性相结合；以优质文化内容带动新产品；"一带一路"倡议下的节点资源整合，统一主题下的轮转特色消费，以城市文化体验为代表的城市主题化旅游，以艺术小镇为代表的文化地产，健康旅游的新思路，艺术家、收藏人、投资者三合一的艺术组合模式，以足球产业为代表的全产业链发展，创业、创业投资和创业辅导相结合的新型三创基地。这几种商业模式的创新反映了当前中国文化产业的新业态，同时也为中国文化企业提供了新的发展思路		a74 自身完善 a79 内部管理 a69 高效团队 a77 企业家才能 a78 企业家精神 范畴化为 A8 产业政策如何影响商业模式创新主体	A8 的性质是产业政策影响商业模式创新主体的积极性，倒逼企业加强内部管理，激发企业家创新意识，促使企业家及管理团队寻求增强效能之策

续表

原始资料语句	概念化	范畴化	范畴的性质
a57 a58 a59 a60 R29 金融政策的倾斜、政府财政补助、税收减免、园区的产业聚集等都将会支持商业模式的创新，降低企业的运行成本、提高创效能力。好的产业政策将会极大的推动商业模式创新的成功率 a61 a62 a63 R30 商业模式创新表现的更为系统和根本，它不是单一因素的变化。它常常涉及商业模式多个要素同时大的变化，需要企业组织的较大战略调整，是一种集成创新。商业模式创新往往伴随产品、工艺或者组织的创新，反之，则未必足以构成商业模式创新。如开发出新产品或者新的生产工艺，就是通常认为的技术创新。技术创新，通常是对有形实物产品的生产来说的。因此，商业模式创新也常体现为服务创新，表现为服务内容及方式，及组织形态等多方面的创新变化 a52 a46 a64 R31 认真研究互联网行业的特点，准确把握行业本质。以客户的需要为导向，深入研究其偏好。选择有广阔市场空间的领域，突出规模效益。结合自身特点，注重独特资源的培育。高效执行力的团队是商业模式成功的保障 a65 a66 a67 a68 a69 R32 可以享受相应优惠政策 a70 R33 在经济理论中，企业与市场达到均衡时企业供给的产品与目标客户的需求恰好相等。在经营过程中，企业通过收入与成本的差额来获取利润，而利润最大化是企业追求的最基本目标。只有紧跟着市场需求，不断调整自身生产结构与模式,迎合目标客户群体，才能更好地适应市场的变化，在激烈的竞争中取胜。与此同时，资源能力的整合以及对现有盈利模式的思考与改革，从一定程度上对企业商业模式的创新起着促进的作用 a71 a72 a73 a74 a75 a76 R34 一个好的企业家是企业的灵魂，在创新方面，企业家思维模式以及性格特征的不同对一个企业能否进行真正意义上的创新起着很大的影响。一个创新型的企业家会根据企业所处外部环境的变化和需求，对企业内部价值资源进行改变和要素重组，不断迎合目标群体的胃口，更加有效的为消费者创造价值。从技术、管理、销售等层面上进行创新，在企业层面上进行有机整合，并以此为基点来促进整个企业商业模式的创新 a77 a78 a79 a80		a22 行业竞争 a25 产业创新 a38 颠覆传统 a39 颠覆创新 a40 规模效应 a72 利润最大化 a23 消费者剩余增大 a54 可持续盈利能力 a11 初创企业存活率 a30 利益分配机制 a41 马太效应 a45 模式壁垒 范畴化为 A9 产业政策影响商业模式效能	A9 的性质是：产业政策影响商业模式会引发行业竞争，促进行业创新，有的可能是颠覆性创新。企业在追求利润最大化的过程中，会打破原有的利益分配机制，甚至引起马太效应，在位领先企业在谋求垄断地位时，会设法构筑利益保护壁垒，维持垄断利益。当然，总体上讲，产业政策也是政府统筹兼顾的结果，会促进消费者剩余增加，促进商业模式创新效能的发挥

问题 2 分析小结：

以上 9 个方面的概念范畴化之后，对提炼后的范畴的性质做了分析，下面要进一步厘清范畴之间的关系，进一整合提炼概念，并以"理论故事"的线索来重新构念新的理论。

下面就问卷所得到的回答，分析产业政策影响商业模式或商业模式创新的具体表现。目前，随着互联网技术飞速发展，电子商务影响着每一个企业，同样，中国"一带一路"倡议等国家发展战略也将影响国家产业政策，进而影响商业模式。产业政策是产业发展理念的体现，产业政策引致发展理念更新，引发企业内部经营模式改革，也促进商业模式变革。在这种形势下，依然要坚持客户导向，增强客户体验，要发挥资源及能力的效能，实施全面创新。产业政策对企业的影响可概括为约束与激励两个方面，约束层面有质量要求与技术要求等；激励方面对产业发展有引导作用，将利于部分企业获得财税、土地等优惠政策。产业政策促进商业模式创新，企业要赢得差异化优势，就必须通过技术与商业融合，深化完善第三方治理模式，实施集成创新。在创新的渠道模式上，线上线下协同，在创新渠道上传递价值，实现价值创造。同时，产业政策影响商业模式创新主体的积极性，倒逼企业加强内部管理，激发企业家创新意识，促使企业家及管理团队寻求增强效能之策。产业政策影响商业模式会引发行业竞争，促进行业创新，有的可能是颠覆性创新。商业模式创新过程也是利益分配机制被打破的过程，在为领先企业在谋求垄断地位时，会设法构筑利益保护壁垒，维持垄断利益。当然，总体上讲，产业政策也是政府统筹兼顾的结果，会促进消费者剩余增加，促进商业模式创新效能的发挥。

第三，商业模式影响企业绩效的具体表现？

表 4-5 是问卷开放问答题 3 回答的分析归纳。

问题 3 分析小结：

以上 7 个方面的概念范畴化之后，对提炼后的范畴的性质做了分析，下面要进一步厘清范畴之间的关系，进一整合提炼概念，并以"理论故事"的线索来重新构念新的理论。

表 4-5 问卷开放问答题 3 回答的分析归纳表

原始资料语句	概念化	范畴化	范畴的性质
R1效率提高，员工收入增加 a1 a2 R1自动化程度，让员工的知识、能力、需求培训加大 a3 a4 R2更优化的商业模式，让企业盈利提高，愿意投入资本和人力发展 a5 R3效益变好，利润增加。影响力增强，全员行动，效益好了，量效双提高 a1 a5 a6 a7 R4作为服务性企业，商业模式影响企业业绩的表现有：员工流动性；员工的服务情绪。注重人才培养，干部训练，店长运营，团队打造培养企业人才，打造职业化团队 a8 a9 a10 a11 R5市场环境在变，消费者、客户在变，竞争对手在变，企业时时面临创新与转型压力。只有正确的决策驱动，才能使企业脱胎换骨，才有机会变革图强，使企业立于不败之地 a12 a13 a14 a15 R6商学院认为，企业成败，80%取决于商业模式。相关研究数据也显示：世界每1000家倒闭的大企业中，就有85%是因为商业模式跟不上时代才被淘汰的 a16 R7以客户为中心，持续创造顾客价值；适应创业过程动态变化，不断创新商业模式；培养创业者能力，激发创业创新动力；拓宽创业融资渠道的对策，这些对策将有助于中小创业企业平稳渡过初创期，提高初创企业存活率 a17 a18 a19 a20 a21 a22 R8商业模式创新的评价指标要体现商业模式的客户价值性、要素匹配性，以及战略资源、核心能力和隐性知识的关键特征。收益翻一番，提升品牌知名度	a1 效益 a2 员工收入 a3 智能技术 a4 员工培训 a5 企业盈利 a6 生产力提高 a7 产品质量 a8 员工流动性 a9 工作态度 a10 干部梯队 a11 团队建设 a12 市场环境 a13 企业创新 a14 科学决策 a15 颠覆性 a16 企业成败取决于商业模式 a17 客户中心 a18 持续盈利 a19 动态性 a20 核心能力 a21 融资渠道 a22 中小企业存活率 a23 客户价值 a24 要素协同 a25 核心资源 a26 收益增加 a27 品牌资产 a28 价值链 a29 合作 a30 集群	a1 效益 a5 企业盈利 a18 持续盈利 a19 动态性 a26 收益增加 范畴化为商业模式影响企业绩效 A1：持续盈利 a16 企业成败取决于商业模式 a13 企业创新 a6 生产力提高 a7 产品质量 a14 科学决策 a22 中小企业存活率 范畴化为商业模式影响企业绩效 A2：创新力 a25 核心资源 a27 品牌资产 a20 核心能力 a21 融资渠道 a28 价值链 a24 要素协同 范畴化为商业模式影响企业绩效 A3：关键资源与核心能力 a2 员工收入 a4 员工培训 a8 员工流动性 范畴化为商业模式影响企业绩效 A4：员工成长	A1性质是企业持续盈利能力，它是商业模式影响企业绩效的表现之一，企业盈利具有动态性，不是静态短暂的盈利，而是企业获利能力不断增强 A2的性质为企业创新能力，它是商业模式影响企业绩效的一个综合表现。一个企业创新力不断增强表现为生产效率不断增强，产品质量不断增强，企业科学决策能力不断增强，促使企业基业长青 A3性质是商业模式核心要素是关键资源与核心能力，特别是独特资源的获取是企业商业模式成功的基础，这些要素的科学统筹与协同，就是核心能力的重要表现，具体看价值链创新能力，企业品牌价值不断增强。这也是结果的重要表现，也是商业模式影响企业绩效的表现 A4性质是企业员工成长能力不断提升，经济收益是基础，员工培训是企业员工的福利，综合起来看，就是员工综合素质不断提升，是商业模式影响企业绩效的重要表现

续表

原始资料语句	概念化	范畴化	范畴的性质
a23 a24 a19a25a26a27 R9 永辉超市的生产零售一条龙服务使得企业绩效上升 a28 R10 增加企业来往人流量，加大企业合作度，增加合作企业数量 a29 a30		a9 工作态度 a10 干部梯队 a11 团队建设 范畴化为商业模式影响企业绩效 A5：管理团队	A5的性质是企业发展需要管理团队，且管理团队要健康持续发展，这是企业可持续发展的重要保障，也是商业模式影响企业绩效的一个表现
		a17 客户中心 a23 客户价值 范畴化为商业模式影响企业绩效 A6：客户价值	A6的性质是企业以客户为中心，不断为客户创造价值
		a12 市场环境 a15 颠覆性 a3 智能技术 a29 合作 a30 集群 范畴化为商业模式影响企业绩效 A7：行业创新力	A7的性质是企业商业模式创新有时具有颠覆性，甚至为企业构建一个有利于自己发展的环境，不断升级的行业经营模式推进行业发展，反过来，也影响环境的优化，例如，推动技术进步

下面就问卷所得到的回答，总结商业模式影响企业绩效的具体表现。可以表述为以客户为中心，不断为客户创造价值，实现企业价值，为企业创造持续盈利能力。从企业内部看，企业创新能力不断增强，产品质量不断提升，科学决策能力不断增强，关键资源与核心能力不断提升，价值链创新能力与企业品牌价值不断增强。同样，商业模式促进企业绩效主要表现为人的素质不断提升，管理团队素质不断提升，有经济基础方面，也有文化素养方面，综合起来看，就是员工综合素质不断提升，是商业模式影响企业绩效的重要表现。从更广的范围看，商业模式促进企业创新发展，不仅仅是一个企业，而是产业集群创新力不断增强。

4.3.3 问卷中 25 个项目的量化选择分析

511 份有效问卷 25 项客观题分数统计汇总表如表 4-6 所示：

表 4-6 511 份有效问卷 25 项客观题分数统计汇总表

25 个问题选项	511 份问卷平均年得分
1.社会对贵企业产品（服务）的认知度	3.330
2.目标顾客对企业产品（服务）满意度	3.380
3.贵企业产品（服务）相对于竞争对手的独特性	3.475
4.合作伙伴对贵公司商业模式的满意度	3.450
5.贵企业商业模式可以防止竞争对手模仿的程度	3.425
6.当前贵企业商业模式的盈利能力	3.530
7.未来贵企业商业模式的盈利潜力	3.590
8.贵企业商业模式各合作伙伴间的相互支持度	3.545
9.贵企业商业模式各主要合作伙伴间的利益共赢度	3.510
10.贵企业商业模式各合作伙伴间的关系稳定度	3.515
11.贵企业商业模式各合作伙伴间的知识共享度	3.490
12.贵企业商业模式对现有业务扩展的支持度	3.545
13.贵企业商业模式对潜在参与者的吸引力	3.495
14.贵企业商业模式结构或流程的灵活度	3.550
15.贵企业商业模式对关键资源的吸聚能力	3.490
16.贵企业商业模式对产业政策的依赖程度	3.475
17.产业集聚对贵企业商业模式功能发挥的促进度	3.560
18.您对当前企业市场绩效水平的认可度	3.585
19.您认为当前商业模式对企业市场绩效的贡献度	3.430
20.您对当前商业模式铸就未来三年企业市场绩效的信心	3.525
21.与同行、竞争者相比，您认为您企业商业模式的差异性	3.475
22.您的企业高层对商业模式创新的投入度	3.520
23.您的企业高层对商业模式创新失败的容忍度	3.470
24.产业集聚对贵企业商业模式创新的促进度	3.500
25.产业政策对贵企业商业模式创新的促进度	3.565

1. 运用 SPSS 软件，对以上平均分的数据进行描述性统计，结果如下：

平均分数是 3.497 分，比总体分均 3 分高 0.497 分，说明答题者对选项的认可度是较肯定的。这间接说明整体的宏观经济是稳定的，经济是趋好的，说明国家"稳中求进"的战略布局是有效的，也说明被访问企业的商业模式对企业价值创造及实现是积极的，宏观政策对商业模式的作用也是积极的。平均数、中位数及众数四舍五入后，均是 3.5，说明数字集中在 3.5 左右。众数、中位数与算术平均数之间有着一定的关系，这种关系决定于总体次数分布的状况。当次数分布呈对称的钟型分布时，算术平均数位于次数分布曲线的对称点上，而该点又是曲线的最高点和中心点，因此，众数、中位数和算术平均数三者相等。

标准差也被称为标准偏差，或者实验标准差。标准差是一组数据平均值分散程度的一种度量。表 4-6 中标准差为 0.061593，比较小，代表这些数值较接近平均值。一般来说标准差较小为好，这样表示比较稳定。

峰值反映与正态分布相比某一分布的尖锐度或平坦度，正峰值表示相对尖锐的分布，负峰值表示相对平坦的分布。峰度为 1.088413，大于 0，表示相对尖锐的分布。偏度系数是描述分布偏离对称性程度的一个特征数，当分布左右对称时，偏度系数为 0；当偏度系数大于 0 时，即重尾在右侧时，该分布为右偏；当偏度系数小于 0 时，即重尾在左侧时，该分布左偏。本例中偏度为 -0.88978，说明左偏。

511 份有效问卷 25 项客观题数据描述性统计结果如表 4-7 所示：

表 4-7　　511 份有效问卷 25 项客观题数据描述性统计结果

平均	3.497
标准误差	0.012319
中位数	3.5
众数	3.475
标准差	0.061593
方差	0.003794
峰度	1.088413
偏度	-0.88978
区域	0.26
最小值	3.33
最大值	3.59
求和	87.425
观测数	25
最大（1）	3.59
最小（1）	3.33
置信度（95.0%）	0.025425

2. 聚类分析

（1）下面采取分层聚类方法分析，得到结果如下：

```
GET DATA /TYPE=XLSX
    /FILE='D：\511 份问卷分类汇总的统计 .xlsx'
    /SHEET=name 'Sheet1'
```

```
    /CELLRANGE=full
    /READNAMES=on
    /ASSUMEDSTRWIDTH=32767.
EXECUTE.
DATASET NAME 数据集 1 WINDOW=FRONT.
CLUSTER  平均分
 /METHOD BAVERAGE
 /MEASURE=SEUCLID
 /PRINT SCHEDULE
 /PRINT DISTANCE
 /PLOT DENDROGRAM VICICLE.
```

运用 SPSS 统计软件的分层聚类法聚类分析过程（数据输入表）如表 4-8 所示：

表 4-8 运用 SPSS 统计软件的分层聚类法聚类分析过程（数据输入表）

附注

创建的输出		22-NOV-2017 22：40：19
注释		
输入	活动的数据集	数据集 1
	过滤器	<none>
	权重	<none>
	拆分文件	<none>
	工作数据文件中的 N 行	25
缺失值处理	对缺失的定义	用户定义的缺失值作为缺失数据对待
	使用的案例	统计是在所使用的变量不带有缺失值的案例基础上进行的
语法		CLUSTER 平均分 /METHOD BAVERAGE /MEASURE=SEUCLID /PRINT SCHEDULE /PRINT DISTANCE /PLOT DENDROGRAM VICICLE.
资源	处理器时间	00：00：02.12
	已用时间	00：00：03.42

运用 SPSS 统计软件的分层聚类法聚类分析过程输出表（数据集）如表 4-9 所示：

表 4-9　运用 SPSS 统计软件的分层聚类法聚类分析过程输出表（数据集）

［数据集 1］

案例处理汇总[a]

案例					
有效		缺失		总计	
N	百分比	N	百分比	N	百分比
25	100.0	0	.0	25	100.0

a.平均联结（组之间）

近似矩阵

案例	平方 Euclidean 距离																								
	1	2	3	4	5	6	7	8	9	10	11	12	13	14	15	16	17	18	19	20	21	22	23	24	25
1	.000	.002	.021	.014	.009	.040	.068	.046	.032	.034	.026	.046	.027	.048	.026	.021	.053	.065	.010	.038	.021	.036	.020	.029	.055
2	.002	.000	.009	.005	.002	.022	.044	.027	.017	.018	.012	.027	.013	.029	.012	.009	.032	.042	.003	.021	.009	.020	.008	.014	.034
3	.021	.009	.000	.001	.003	.003	.013	.005	.001	.002	.000	.005	.000	.006	.000	.000	.007	.012	.002	.002	.000	.002	.000	.001	.008
4	.014	.005	.001	.000	.001	.006	.020	.009	.004	.004	.002	.009	.002	.010	.002	.001	.012	.018	.000	.006	.001	.005	.000	.002	.013
5	.009	.002	.003	.001	.000	.011	.027	.014	.007	.008	.004	.014	.005	.016	.004	.003	.018	.026	.000	.010	.003	.009	.002	.006	.020
6	.040	.022	.003	.006	.011	.000	.004	.000	.000	.000	.002	.000	.001	.000	.002	.003	.001	.003	.010	.000	.003	.000	.004	.001	.001
7	.068	.044	.013	.020	.027	.004	.000	.002	.006	.006	.010	.002	.009	.002	.010	.013	.001	.000	.026	.004	.013	.005	.014	.008	.001
8	.046	.027	.005	.009	.014	.000	.002	.000	.001	.001	.003	.000	.002	.001	.003	.005	.000	.002	.013	.000	.005	.001	.006	.002	.000
9	.032	.017	.001	.004	.007	.000	.006	.001	.000	.000	.001	.001	.000	.003	.000	.001	.003	.006	.006	.000	.001	.000	.002	.000	.003
10	.034	.018	.002	.004	.008	.000	.006	.001	.000	.000	.001	.000	.001	.001	.001	.002	.002	.005	.007	.000	.002	.000	.000	.000	.002
11	.026	.012	.000	.002	.004	.002	.010	.003	.001	.001	.000	.003	.000	.004	.000	.000	.005	.009	.004	.001	.000	.001	.000	.000	.006
12	.046	.027	.005	.009	.014	.000	.002	.000	.001	.000	.003	.000	.002	.000	.003	.005	.000	.002	.013	.000	.005	.001	.006	.002	.000
13	.027	.013	.000	.002	.005	.001	.009	.002	.000	.001	.000	.002	.000	.004	.000	.000	.004	.008	.004	.001	.000	.001	.000	.000	.005
14	.048	.029	.006	.010	.016	.000	.002	.001	.003	.001	.004	.000	.004	.000	.003	.006	.001	.001	.014	.001	.006	.001	.006	.002	.000
15	.026	.012	.000	.002	.004	.002	.010	.003	.000	.001	.000	.003	.000	.003	.000	.000	.005	.009	.004	.001	.000	.001	.000	.000	.006
16	.021	.009	.000	.001	.003	.003	.013	.005	.001	.002	.000	.005	.000	.006	.000	.000	.007	.012	.002	.002	.000	.002	.000	.001	.008
17	.053	.032	.007	.012	.018	.001	.001	.000	.003	.002	.005	.000	.004	.001	.005	.007	.000	.001	.017	.001	.007	.002	.008	.004	.000
18	.065	.042	.012	.018	.026	.003	.000	.002	.006	.005	.009	.002	.008	.001	.009	.012	.001	.000	.024	.004	.012	.004	.013	.007	.000
19	.010	.003	.002	.000	.000	.010	.026	.013	.006	.007	.004	.013	.004	.014	.004	.002	.017	.024	.000	.009	.002	.008	.002	.005	.018
20	.038	.021	.002	.006	.010	.000	.004	.000	.000	.000	.001	.000	.001	.001	.001	.002	.001	.004	.009	.000	.002	.000	.003	.001	.002
21	.021	.009	.000	.001	.003	.003	.013	.005	.001	.002	.000	.005	.000	.006	.000	.000	.007	.012	.002	.002	.000	.002	.000	.001	.008
22	.036	.020	.002	.005	.009	.000	.005	.001	.000	.000	.001	.001	.001	.001	.001	.002	.002	.004	.008	.000	.002	.000	.001	.000	.002
23	.020	.008	.000	.000	.002	.004	.014	.006	.002	.000	.000	.006	.000	.006	.000	.000	.008	.013	.002	.003	.000	.001	.000	.001	.009
24	.029	.014	.001	.002	.006	.001	.008	.002	.000	.000	.000	.002	.000	.002	.000	.001	.004	.007	.005	.001	.001	.000	.001	.000	.004
25	.055	.034	.008	.013	.020	.001	.001	.000	.003	.002	.006	.000	.005	.000	.006	.008	.000	.000	.018	.002	.008	.002	.009	.004	.000

这是一个不相似矩阵

运用 SPSS 统计软件的分层聚类法聚类分析过程输出表（平均联结（组之间）数据集）之聚类表如表 4-10 所示：

表 4-10 运用 SPSS 统计软件的分层聚类法聚类分析过程输出表

（平均联结（组之间）数据集）

阶	群集组合		系数	首次出现阶群集		下一阶
	群集 1	群集 2		群集 1	群集 2	
1	16	21	0.000	0	0	2
2	3	16	0.000	0	1	10
3	11	15	0.000	0	0	14
4	8	12	0.000	0	0	9
5	17	25	0.000	0	0	16
6	13	24	0.000	0	0	14
7	20	22	0.000	0	0	13
8	7	18	0.000	0	0	22
9	8	14	0.000	4	0	16
10	3	23	0.000	2	0	17
11	5	19	0.000	0	0	18
12	9	10	0.000	0	0	15
13	6	20	0.000	0	7	15
14	11	13	0.000	3	6	17
15	6	9	0.000	13	12	19
16	8	17	0.000	9	5	19
17	3	11	0.000	10	14	21
18	4	5	0.001	0	11	21
19	6	8	0.001	15	16	22
20	1	2	0.002	0	0	24
21	3	4	0.003	17	18	23
22	6	7	0.003	19	8	23
23	3	6	0.007	21	22	24
24	1	3	0.026	20	23	0

运用 SPSS 统计软件的分层聚类法聚类分析过程输出图（群集数）见图 4-11。

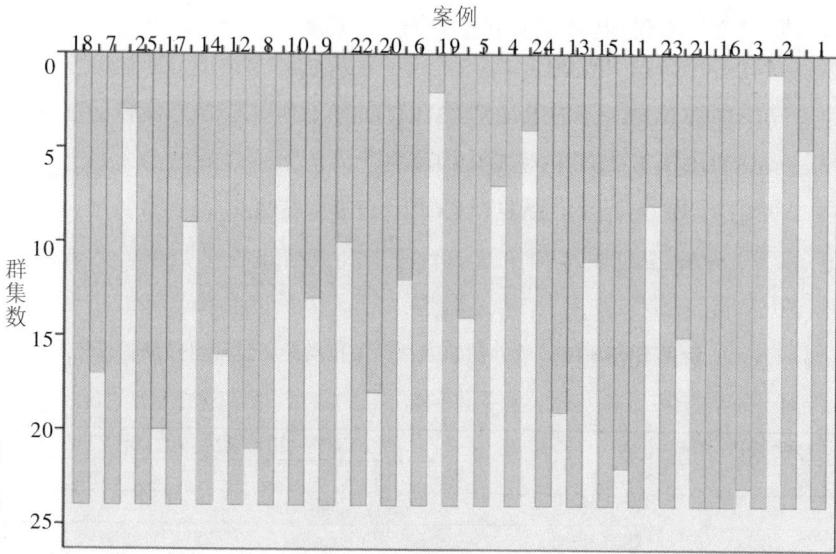

图 4-11　运用 SPSS 统计软件的分层聚类法聚类分析过程输出图（群集数）

运用 SPSS 统计软件的分层聚类法聚类分析树状图见图 4-12。

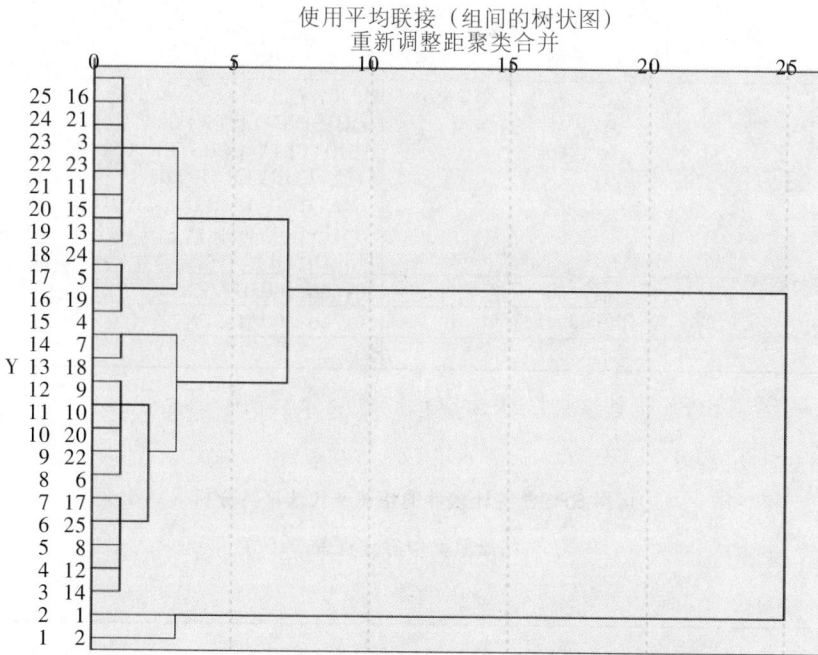

图 4-12　运用 SPSS 统计软件的分层聚类法聚类分析树状图

（2）采取快速迭代结果，得到结果如下：

QUICK CLUSTER 平均分

　/MISSING=LISTWISE

　/CRITERIA=CLUSTER（5）MXITER（10）CONVERGE（0）

　/METHOD=KMEANS（NOUPDATE）

　/PRINT ID（项目）INITIAL CLUSTER DISTAN.

运用 SPSS 统计软件的快速迭代法聚类分析过程（数据输入表）如表 4-11 所示：

表 4-11　运用 SPSS 统计软件的快速迭代法聚类分析过程（数据输入表）

附注

创建的输出		22-NOV-2017 22：51：11
注释		
输入	活动的数据集	数据集 1
	过滤器	<none>
	权重	<none>
	拆分文件	<none>
	工作数据文件中的 N 行	25
缺失值处理	对缺失的定义	用户定义的缺失值将作为缺失处理。
	使用的案例	统计量将基于案例进行计算，在这些案例中，所有用到的聚类变量都没有缺失值。
语法		QUICK CLUSTER 平均分 　/MISSING=LISTWISE 　/CRITERIA=CLUSTER（5）MXITER（10）CONVERGE（0） 　/METHOD=KMEANS（NOUPDATE） 　/PRINT ID（项目）INITIAL CLUSTER DISTAN.
资源	处理器时间	00：00：00.03
	已用时间	00：00：00.26
	所需的工作空间	504 字节

运用 SPSS 统计软件的快速迭代法聚类分析初始聚类中心分析表如表 4-12 所示：

表 4-12　　运用 SPSS 统计软件的快速迭代法聚类分析

初始聚类中心分析表

初始聚类中心

	聚类				
	1	2	3	4	5
平均分	3.3300	3.3800	3.5100	3.5900	3.4300

运用 SPSS 统计软件的快速迭代法聚类分析过程输出表（迭代历史记录）如表 4-13 所示：

表 4-13 运用 SPSS 统计软件的快速迭代法聚类分析过程输出表

（迭代历史记录）

迭代历史记录[a]

迭代	聚类中心内的更改				
	1	2	3	4	5
1	0.000	0.000	0.003	0.015	0.005
2	0.000	0.000	0.007	0.012	0.009
3	0.000	0.000	0.000	0.000	0.000

a. 由于聚类中心内没有改动或改动较小而达到收敛。任何中心的最大绝对坐标更改为 0.000。当前迭代为 3。初始中心间的最小距离为 0.050。

聚类成员

案例号	项目	聚类	距离
1	1	1	0.000
2	2	2	0.000
3	3	3	0.025
4	4	5	0.006
5	5	5	0.019
6	6	3	0.030
7	7	4	0.027
8	8	4	0.018
9	9	3	0.010
10	10	3	0.015
11	11	3	0.010
12	12	4	0.018
13	13	3	0.005
14	14	4	0.013
15	15	3	0.010
16	16	3	0.025
17	17	4	0.003
18	18	4	0.022
19	19	5	0.014
20	20	3	0.025
21	21	3	0.025
22	22	3	0.020
23	23	5	0.026
24	24	3	4.441E−016
25	25	4	0.002

最终聚类中心

	聚类				
	1	2	3	4	5
平均分	3.3300	3.3800	3.5000	3.5629	3.4438

最终聚类中心间的距离

聚类	1	2	3	4	5
1		0.050	0.170	0.233	0.114
2	0.050		0.120	0.183	0.064
3	0.170	0.120		0.063	0.056
4	0.233	0.183	0.063		0.119
5	0.114	0.064	0.056	0.119	

每个聚类中的案例数

聚类	1		1.000
	2		1.000
	3		12.000
	4		7.000
	5		4.000
有效			25.000
缺失			0.000

聚类分析指将研究对象的集合分组为由类似的对象组成的多个类的数据梳理过程，其目标是通过衡量不同数据间的相似性把数据分类到不同的簇中。与一般的数据归类不同，聚类之前没有"给定"的标准，而是根据数据的本源性质，采取一定的数学方法，探索性地进行数据分析。传统的统计聚类分析方法包括系统聚类法、加入法、动态聚类法、分解法、有序样品聚类、模糊聚类和有重叠聚类等。目前，SPSS 统计分析软件包采用 k-均值、k-中心点等算法。在具体聚类分析中，使用不同的聚类方法，常常会得到不同的结论。而且，即便使用同一种研究方法，由于不同研究者关注的侧重点及软件程序设置项目不同，得到的结论也会有所不同。

分层聚类或系统聚类，快速聚类或 K-均值聚类如表 4-14 所示：

表 4-14　　　**分层聚类或系统聚类，快速聚类或 K-均值聚类**

聚类方法 分类	分层聚类（6类）	快速聚类（设置为5类）
第一类	问卷项目4、5、19	问卷项目4、5、19、23
第二类	问卷项目7、18	问卷项目7、8、12、14、17、18、25
第三类	问卷项目8、12、14、17、25	问卷项目1
第四类	问卷项目6、9、10、20、22	问卷项目3、6、9、10、11、13、15、16、20、21、22、24
第五类	问卷项目3、11、13、15、16、21、23、24	问卷项目2
第六类	问卷项目1、2	

注：类别没有顺序关系，只是为了研究方便，把两类聚类结果一致或相近的列为同一类。

采取快速聚类，规定为 5 个组，其聚类分析的分类结果是：

第一组项目包括问卷项目 4、5、19，第二组包括问卷项目 7、8、12、14、17、18、25，第三组为问卷项目 1，第四组包括问卷项目 3、6、9、10、11、13、15、16、20、21、22、24，第五组是问卷项目 2。

采取分层聚类方法得到 6 大类，且于层次聚类有相似之处，见表 4-13，第一组项目包括问卷项目 4、5、19、23，第二组包括问卷项目 7、18。第三组包括问卷项目 8、12、14、17、25。显然，第二、三组的项目并集是快速聚类方法的第二组。第四组包括问卷项目 6、9、10、20、22。第五组包括问卷项目 3、11、13、15、16、21、23、24。第四组与第五组并集比快速聚类多一个元素，即问卷项目 23。第六组包括问卷项目 1、2。

下面以分层聚类方法得到的结果来具体分析，问卷项目 4、5、19 为一类，问卷项目 4，即"合作伙伴对贵公司商业模式的满意度"，的平均分为 3.45，问卷项目 5，即"贵企业商业模式可以防止竞争对手模仿的程度"的平均分为 3.23。问卷项目 19，即"您认为当前商业模式对企业市场绩效的贡献程度"的平均分为 3.43。这三个平均分比较接近，说明被调查者对三个问题的认知程度接近。商业模式保持独特的竞争优势，需要构筑壁垒，也需要处理好利益相关者之间关系，这两者对商业模式的效能发挥具有一定的促进作用，不过，没有更多的数据可以说明它们之间的因果关系，这个值得进一步探索。

问卷项目 7、18 为一组，问卷项目 7，即"未来贵企业商业模式的盈利潜力"的平均数是 3.59。问卷 18，即"您对当前企业市场绩效水平的认可度"的平均数为 3.59。说明被调查者对企业的商业模式盈利潜力与当前市场绩效水平的认知是一致的，间接验证两者之间有一定的内在一致性，即商业模式的盈利潜力与市场绩效水平之间是相互促进的。

第三组包括 5 个问卷项目 8、12、14、17、25。问卷项目 8，即"贵企业商业模式各合作伙伴间的相互支持度"的平均分是 3.55。问卷项目 12，即"贵企业商业模式对现有业务扩展的支持度"的平均数是 3.55。问卷项目 14，即"贵企业商业模式结构或流程的灵活度"的平均数是 3.55。问卷 17，即"产业集聚对贵企业商业模式功能发挥的促进程度"的平均数是 3.56。问卷项目 25，即"产业政策对贵企业商业模式创新的促进程度"的平均数是 3.57。得分为 3.55 的三项，不仅被调查者认知具有一致性，而且合作伙伴之间支持程度、对现有业务扩展的支持度与商业模式结构的灵活三者之间，还具有更多的内在一致性，利益相关者之间相互配合，精诚合作会导致商业模式流程运营灵活，结构合理，进而会导致业务扩展顺畅。产业集群对商业模式效能发挥与产业政策对商业模式创新的促进程度相比，后者得分更高些。而且这一组比合作伙伴之间支持程度、业务扩展支持度及商业模式内在结构得分高，说明被调查者认为，来自产业集群，特别是产业政策对商业模式效能或创新的贡献来得大。

第四组包括 5 个问卷项目 6、9、10、20、22。问卷项目 6，即"当前贵企业商业模式的盈利能力"的平均数是 3.53。问卷项目 9，即"贵企业商业模式各主要合作伙伴间的利益共赢程度"的平均数是 3.51。问卷项目 10，即"贵企业商业模式各合作伙伴间的关系稳定程度"的平均数是 3.52。问卷项目 20，即"您对当前商业模式铸就未来三年企业市场绩效的信心"的平均数是 3.53。问卷项目 22，即"您的企业高层对商业模式创新的投入程度"的平均数是 3.52。企业主要合作伙伴利益共享程度及合作伙伴关系稳定性得分接近，具有内在一致性，利益合理分配是关系稳定的基础，以及高管对商业模式创新的投入都影响商业模式的绩效，当前企业商业模式的盈利能力与未来三年企业市场绩效的信心具有一致性，得分一样。

第五组包括 8 个问卷项目 3、11、13、15、16、21、23、24。问卷项目 3，即"贵企业产品（服务）相对于竞争对手的独特性程度"的平均数是 3.48。问卷项目 11，即"贵企业商业模式各合作伙伴间的知识共享程度"的平均数是 3.49。问卷项目 13，即"贵企业商业模式对潜在参与者的吸引力"的平均数是 3.50。问卷项目 15，即"贵企业商业模式对关键资源的吸聚能力"的平均数是 3.49。问卷 16，即"贵企业商业模式对产业政策的依赖程度"的平均数是 3.48。问卷项目 21，即"与同行、竞争者相比，您认为您企业商业模式的差异性"的平均数是 3.48。问卷项目 23，即"您的企业高层对商业模式创新失败的容忍程度"的平均数是 3.47。问卷项目 24，即"产业集聚对贵企业商业模式创新的促进程度"的平均数是 3.50。商业模式的差异性与商业模式相对于竞争对手的独特性程度具有一致性的问卷得分接近，说明问卷回答具有可信度，商业模式对潜在参与者的吸引力与对关键资源的吸引力的得分接近。产业集群对商业模式的促进程度与商业模式对产业政策的依赖程度具有一致性的得分接近。商业模式各个合作伙伴间知识共享程度与对资源、潜在参与者吸引力之间具有一致性的得分接近，而高管对商业模式失败的容忍度相对得分低些，这个比较好理解，企业高管是受聘于企业的职业经理人，有任期的业绩考核压力，对商业模式的创新及绩效具有先天的偏爱，这也符合实际。

问卷项目 1、2 为一类，社会对产品（服务）的认知度与目标顾客对产品（服务）的满意度具有一致性。认知度是美誉度的基础，直观的感觉会认为认知度高，美誉度就会高，前者是后者的原因，前者得分高于后者。而实际情况却不太合乎直觉。调查统计情况是：第一项是"社会对贵企业产品（服务）的认知度"平均得分是 3.33 分，第二项是

"目标顾客对企业产品（服务）满意度"平均得分是 3.38 分。可见，产品（服务）的认知度与消费者的满意度不完全一致的，认知度低于满意度。可能的原因是什么呢？问卷设计是社会对产品与服务的认知度，而问卷的满意度调查对象则是针对目标顾客的，认知对象不一致，可能影响得分。当然，社会认知度是影响产品的满意度的基础，所以，快速聚类方法把他们归为一类，也是与营销理论一致。

5 结论与建议

　　"环境"是相对于主体而言的，例如，相对人类而言，环境就是影响我们生活的外部条件。保护环境是为了让人类更好地生活。目前，全球环境问题引起世界关注，有几个世界性的环境问题亟待解决，其中最严峻的问题是三大生命要素（空气、水、土壤）污染严重。人类为保障经济社会的可持续发展，需要协调人与环境的关系，除了采取技术层面的工程技术类方法，还要综合运用经济的、行政的，宣传的等手段。治理环境可以采取经济、行政、法律和科学技术等措施，使环境更适合于人类的生存。

　　到 2020 年，节能环保产业将得到快速发展、质量效益显著提升，高效节能环保产品市场占有率明显提高，一批关键核心技术取得突破，有利于节能环保产业发展的制度政策体系基本形成，节能环保产业将成为国民经济的一大支柱产业。节能环保产业发展对策为：提升技术装备供给水平；创新节能环保服务模式；培育壮大市场主体；激发节能环保市场需求；规范优化市场环境；完善落实保障措施。

　　商业模式是个时代的概念，在不同历史时期，在不同地域，在不同的行业具有不同的内涵，通常引用比较多的是，"商业模式就是一个企业创造价值的逻辑"。从满足客户需求角度看，商业模式体现着价值发现、价值创造、价值传递与价值获取的基本逻辑，为客户创造最大化价值而采取的系统解决方案。从为企业创造价值的角度看，商业模式就是明确价值发现、发挥资源配置能力，处理好价值网络关系，最终为企业创造最大化利润。从关注客户价值与实现企业价值两个角度看，更加注重价值网络的效应，所以，可以据此来理解商业模式。商业模式就是明确价值主张，整合内外资源能力构建价值网络，实现客户价值同时，促进企业价值最大化。从实现顾客、企业及利益相关者的利益视角来看，商业模式就是整合企业内外资源，发挥商业生态价值网络效应，构建顾客、焦点企业与利益相关者利益平衡机制，以期该商业模式有竞争力的可盈利地持续发展。总结以上四个层次的分析，商业模式的内涵应以先明确其功能属性为先，然后再去分析其结构属性，从关注客户利益，到关注所有参与主体的利益，其核心要素不断增加，复杂性也不断增加，要素的地位也随着商业模式在商业生态中的生态位而有所不同，构建新型的关系显得更加重要。可见，传统的连续的线性价值链被非连续非线性的价值网络取代，利益相关者在价值网络中共同完成价值的发现、价值的生成、价值的传递与价值的分配。所以，在商业生态新的视角下，在商业模式范畴内，包括直接客户在内的所有利益相关者创造出来的价值总和就成为某一公司可能获得的最大价值。

影响商业模式效能发挥是一个价值网络，这个宏观层面的架构，可以从宏观外部环境、中观行业环境与微观企业环境三个层面来解析。每个层面都有核心要素影响着商业模式效能的发挥，不妨把每个维度的各个因素的正反影响综合后形成"综合贡献矩"，并假设这些要素之间是相互独立的，或者即使发生关联作用，带来的贡献力矩增长也平均到各个因素上，这些不同"综合贡献矩"之加权代数和就构成的四面体的一个边长，三个边长之积就是四面体的体积，这个体积可以衡量商业模式的效能。

在互联网背景下，所有的互联网企业或"互联网+"企业，都不得不重新审视社会发展的趋势，不得不思考价值网络背景下谋划利益共同体的运行机制，以创造一个可持续发展的动态机制，去构建一个以人文精神为内核的商业生态，去构建一个可自主增强的保障机制，最终获取可持续发展的核心竞争力。

　　企业商业模式创新要研究其动力机制与可行路径。动力机制或来自于内部，或来自于外部，来自于内部源于对利益的追求与企业家偏好，或是自我实现的需求，外部因素源于技术推动、需求拉动与竞争逼迫。路径选择主要是创新方向、创新程度与创新要素等方面。企业作为一个系统是由各种价值活动组成的。创新路径是优化可利用的资源，改善各种构成要素的结构关系，就是改变企业价值创造的逻辑，故商业模式创新就是对其价值创造逻辑的改变。

　　对于环保企业而言，分析其商业模式，要剖析利益相关者之间的关系。利益相关者是指"那些能够影响企业目标实现，或者能够对企业实现目标过程产生影响的任何个人和群体"。这些利益相关者包括消费者、企业股东、环保团体、社会公众、各级政府等。不过，不同的利益主体之间存在着利益诉求的矛盾，在处理环境污染问题方面就是一个例证。企业追求自身最大化利益，特别是当他们仅仅关注经济利益最大化时，未必能促进社会福利的提高。从博弈论的视角来看，环境恶化是一种"公地悲剧"现象。由于不同利益相关者对改善环境关注程度及绩效点存在差异，导致各个利益主体之间博弈，而企业最终所采取的环境治理措施往往是各利益主体不断博弈的综合结果。商业模式创新是价值创造核心逻辑的解构与重塑，所以，价值链环节的创新涉及价值链上下游企业的合作，为此，利益相关者应该协同改善价值链中可能为价值增值做出贡献的节点，尤其是关键节点，还要拓展到边界以外的价值网，综合考虑环境绩效。利益相关者对核心企业会施加改善环境的动力及压力，也表现为构建一种激励与约束的机制。这些机制在实践中不断通过合法性验证得到认知强化，固化为一种"规则关系"，进而成为约束企业及利益相关者的"制度约束"，甚至上升为一种"文化自觉"，这样环保产业的商业模式就有了牢固的可持续发展的认知基础。反之，假设核心企业由于某个触发因素积极投资进行技术革新，进而增加产品的技术附加值，但是，如果得不到价值链上其他企业的认同与配合，就会导致成本上升，最可能是提高产品价格。如果消费者对产品的环保品质不敏感或者不关心环境变化就不会购买。在此，核心企业价值链环节企业及消费者组成的利益相关者集合中，任何一个元素，即任何利益相关者的不配合，都将导致均衡被打破。因此，这些利益相关者会在经济利益、社会利益及生态利益等综合利益博弈中寻求平衡，直至实现帕累托最优。利益相关者不断博弈也是利益重新分配的过程，演进的总体趋势应该是企业经济效益与环境质量均不断提高，环境保护和经济发展协同发展。

研究 9 家环保上市公司后，可以发现其商业模式演化的共性，主要表现是：从产品设备售卖向服务提供商转型；从单一服务向综合服务升级；从技术跟踪模仿创新向自主创新转型；从被动适应市场向主动驱动市场转型；从考虑企业价值为主向考虑利益相关者综合利益转型；商业模式创新从价值链向价值网转型；从商业竞争向商业生态升级。以永清环保为例，它从单一型环保企业转变为环境产业服务的企业，既考虑社会效益、也考虑环境效益，使政府、公众与客户的利益得到满足，赢得利益相关者的信任、通过高效益的治理效果、提供综合化服务，推动环境问题的真正解决，不断探索模式创新。

调查问卷开放性问题得到结论是：（1）商业模式创新的具体经验。企业要树立顾客导向的理念，深入调研，挖掘客户需求，锁定细分市场，主动适应市场，更要创造市场。在新经济背景下，积极营造有利于自己发展的微环境，加强内部管理，在生态环境中优化自己价值网中的生态位，大力实施全面创新，降低成本，构建利润池，不断创新赢利能力，并争取可持续发展。用一句话来概括，就是商业模式创新的经验是"以客户为中心全面创新"。（2）分析产业政策影响商业模式或商业模式创新的具体表现。目前，随着互联网技术飞速发展，电子商务影响着每一个企业，中国"一带一路"倡议等国家发展计划也将影响着国家产业政策，进而影响着商业模式。产业政策是产业发展理念的体现，产业政策引致发展理念更新，引发企业内部经营模式改革，也促进商业模式变革，要坚持客户导向，增强客户体验，要发挥资源及能力的效能，实施全面创新。产业政策对企业的影响可概括为约束与激励两个方面，约束方面有质量要求与技术要求等；激励方面，对产业发展有引导作用，将利于部分企业，获得财税、土地等优惠。产业政策促进商业模式创新，企业要赢得差异化优势，通过技术与商业融合，深化第三方治理模式，实施集成创新。在创新的渠道模式上，线上线下协同运作，在创新渠道上传递价值，实现价值创造。同样，产业政策影响商业模式创新主体的积极性，倒逼企业加强内部管理，激发企业家创新意识，促使企业家及管理团队寻求增强效能之策。产业政策影响商业模式会引发行业竞争，促进行业创新，有的可能是颠覆性创新。商业模式创新过程也是利益分配机制被打破的过程，领先企业在谋求垄断地位时，会设法构筑利益保护壁垒，维持垄断利益。当然，总体上讲，产业政策也是政府统筹兼顾的结果，能促进消费者剩余增加，促进商业模式创新效能的发挥。

（3）商业模式影响企业绩效的具体表现。可以表述为以客户为中心，不但为客户创造价值，而且能实现企业价值，为企业创造持续盈利能力。从企业内部看，企业创新力不断增强，产品质量不断提升，科学决策能力不断增强，关键资源与核心能力不断提升，价值链创新能力与企业品牌价值不断增强。同样，商业模式促进企业绩效主要表现人的素质不断提升，管理团队素质不断提升，有经济基础方面，也有文化素养方面，综合来看，就是员工综合素质不断提升，这是商业模式影响企业绩效的重要表现。从更广的范围看，商业模式能产业集群创新力不断增强。

分析问卷中 25 个选项得到结论是：（1）商业模式保持独特的竞争优势，需要构筑壁垒，也需要处理好利益相关者之间关系，这两者对商业模式的效能发挥具有一定的促进作用。（2）被调查者对企业的商业模式盈利潜力与当前市场绩效水平的认知是一致的，间接验证两者之间有一定的内在一致性，即商业模式的盈利潜力与市场绩效水平之间是相互促进的。合作伙伴之间支持程度、对现有业务扩展的支持度与商业模式结构的灵活度三者之间，具有内在一致性，利益相关者之间相互配合，精诚合作会导致商业模式流程运营灵活、结构合理，进而使业务扩展顺畅。产业集群对商业模式效能发挥与产业政策对商业模式创新的促进程度相比，后者得分更高些，而且比合作伙伴之间支持程度、业务扩展支持度及商业模式内在结构得分高，说明被调查者认为，产业集群特别是产业政策对商业模式效能或创新的贡献来得大。（3）企业主要合作伙伴利益共享程度及合作伙伴关系稳定性得分接近，具有内在一致性。利益合理分配是关系稳定的基础，高管对商业模式创新的投入影响商业模式的绩效，当前企业商业模式的盈利能力与未来三年企业市场绩效的信心具有一致性，得分一样。（4）商业模式对潜在参与者的吸引力与对关键资源的吸引能力具有一致性，得分接近。产业集群对商业模式的促进程度与商业模式对产业政策的依赖程度具有一致性，得分接近。商业模式各个合作伙伴间知识共享程度与对资源、潜在参与者吸引力之间具有一致性，而高管对商业模式失败的容忍度相对得分低些。这是因为企业高管是受聘于企业的职业经理人，有任期的业绩考核压力，对商业模式的创新及绩效具有先天的偏爱，这也是符合实际情况的。（5）认知度是美誉度的基础，直观的感觉会认为认知度高，美誉度就会高，前者是后者的原因，前者得分高于后者。而实际情况却不太合乎直觉。调查统计情况是：第一项是"社会对贵企业产品（服务）的认知度"，平均得分是 3.33 分，第二项是"目标顾客对企业产品（服务）满意度"，平均得分是 3.38 分。可见，产品（服务）的认知度与消费者的满意度不完全一致的，认知度低于满意度。可能的原因是什么呢？问卷设计是社会对产品与服务的认知度，而问卷的满意度调查对象则是针对目标顾客的，认知对象不一致，可能影响得分。当然，社会认知度是影响产品的满意度的基础，所以，快速聚类方法把他们归为一类，也是与营销理论一致。

　　浙江省在处理经济发展与环境治理关系上走在全国前列。他们的宝贵的经验是：政府做好顶层设计，积极创新管理机制与体制，从保姆式管理过渡为多元化管理，从政府管理过渡为社会治理。调动更多主体参与管理，树立主人翁意识，加大监督督查力度，让环境治理的外在制度约束转化为环境治理的内在自觉，以实现经济发展与环境友好的双赢，实现参与主体的多元共赢。浙江环保产业需要政府有形之手，与市场无形之手的配合。

　　"十三五"期间，浙江省环保产应以专业化、产业化、市场化、网络化、国际化为导向，积极发挥市场的主体作用，发挥政府的引导作用，调动各个方面积极性，加强政府和社会资本合作，发挥行业协会作用，积极进行商业模式创新，完善第三方治理，拓宽环保产业发展空间。政府要探索和完善多元化的投融资体制，联合浙江省投融资协会等金融机构，积极探索新的融资模式。科学规划，发挥产业集群的集聚效应，对已经形成规模的杭州、宁波、绍兴等产业集聚区，加强引导，重点发展技术含量高、产业化程度高、市场需求大的关键技术，形成区域特色的优势产业。紧密围绕绿色化的要求，引导生活方式绿色化转变。积极推进环保技术和装备产业化，加强技术创新，加强环保服务业发展与模式创新。以环保产品生产、环保工程、环保服务业为重点，鼓励骨干企业掌握核心技术、扩大市场占有率高、培育自主品牌、不断放大品牌资产价值。企业也要积极主动去和科研机构合作，加大研发，注重成果转化，推广先进技术和产品。同时，企业要与时俱进，积极响应"互联网+节能环保"行动。

主要参考文献

[1]　J. Magretta. Why Business Models Matter ［J］． Harvard Business Review，2002，80（5）：86-92.

[2]　R.Amit, C.Zott. Creating Value through Business Model Innovation ［J］． MIT Sloan Management Review，2012，53（3）：41-49.

[3]　李东，王翔，张晓玲.基于规则的商业模式研究——功能、结构与构建方法 ［J］． 中国工业经济，2010（9）：101-111.

[4]　Casadesus-Masanell R，Ricart J E..How to Design a Winning Business Model ［J］． Harvard Business Review，2011，89（1-2）：100-107.

[5]　中国社会科学院语言研究所词典编辑室.现代汉语词典 ［M］． 5版.北京：商务印书馆，2005：594.

[6]　十八大以来习近平60多次谈生态文明 ［EB/OL］． （2015-03-10）.http：// politics.people.com.cn/n/2015/0310/c1001-26666629.html.

[7]　"十三五"节能环保产业发展规划 ［EB/OL］． （2016-12-26）.http：// hzs.ndrc.gov.cn/newzwxx/201612/t20161226_832641.html.

[8]　周宇.浙江省：重心瞄准"八大万亿产业" ［J］． 小康：2017（3）：59-60.

[9]　张国亭.江苏浙江节能减排的主要措施与借鉴 ［J］． 山东商业职业技术学院学报，2009（2）：6-10.

[10]　毕彦魁.浙江纺织业的节能降耗——以绍兴纺织业为例 ［J］． 中外企业家，

2011（8）：43-47.

[11] 章青.浙江省印染产业绿色转型驱动因素研究［D］.杭州：浙江工商大学，2014：2.

[12] 杨晓蔚，钟亦明，钟其，等.浙江省环保产业发展状况评估及展望［J］.中国环保产业，2017（3）：11-17.

[13] 汪维微.浙江省环境优化进程中的因子贡献分析［D］.杭州：浙江大学，2005：2-6.

[14] 陈国锋，张祝平.论生态环境污染治理与可持续发展——对国家级生态示范区浙江丽水市农村环境污染治理的调查与思考［J］.自然辩证法研究，2006（6）：84-88.

[15] 李建琴.农村环境治理中的体制创新——以浙江省长兴县为例［J］.中国农村经济，2006（9）：63-71.

[16] 张宇，朱立志.农业农村生态环境治理——以浙江实践为例［J］.环境与可持续发展，2016（3）：143-147.

[17] 虞伟.五水共治：水环境治理的浙江实践［J］.环境保护，2017（45）：104-106.

[18] 董丽娴.浙江环保：以改善环境质量为核心 保持"高压"促守法［J］.中国环境监察，2016（12）：18-20.

[19] 李德超，苏曼.最严环境执法为建设美丽浙江护航［J］.中国环境监察，2017（3）：19-23.

[20] 安钢.山外青山——浙江垃圾分类调研笔记［J］.北京人大，2017（6）：58-61.

[21] 吴珺.浙江战略性新兴产业效率测算［J］.统计科学与实践，2017（2）：14-17.

[22] 浙江省发展和改革委员会，浙江省经济信息中心，浙江省发展规划研究院.生产经营稳中向好 发展后劲充足——二季度节能环保企业专项监测报告［J］.浙江经济，2016（7）：28-29.

[23] 浙江省人民政府.2016年浙江环境和资源发展情况［EB/OL］.（2017-04-12）.http：//www.zj.gov.cn/art/2017/4/12/art_954_2228253.html.

[24] 杨晓蔚，钟亦明，钟其，等.浙江省环保产业发展状况评估及展望［J］.中国环保产业，2017（3）：11-17.

[25] 刘礼文，陈婷.专家解读环保产业：万亿级"绿引擎"何以长效发力？［EB/OL］.（2015-08-17）.http：//biz.zjol.com.cn/system/2015/08/10/020779253.shtml.

[26] 黄云灵，陈婷.浙江节能环保产业走进春天里 构筑"两美浙江"内生动力

[EB/OL]. (2015-08-17).http://biz.zjol.com.cn/system/2015/08/17/
020790603.shtml.

[27] 杨晓蔚，钟亦明，钟其，等.浙江省环保产业发展状况评估及展望 [J]. 中
国环保产业，2017 (3)：11-17.

[28] 王云美.创新型企业商业模式研究 [D]. 上海：复旦大学，2012：23-25.

[29] Magretta. Why Business Models Matter [J]. Harvard Business
Review，2002，80 (5)：86-92.

[30] 中国社会科学语言研究所词典编辑室.现代汉语词典 [M]. 5版.北京：商
务印书管；2005：658.

[31] 百度百科http://baike.baidu.com.

[32] Hornby.牛津高阶英汉双解词典 [M]. 6版.北京：商务印书馆，牛津大学
出版社（中国）有限公司，2004：1955，217，327.

[33] Stewart D.W，Zhao Q .Internet Marketing，Business Models，and
Public Policy [J]. Journal of Public Policy & Marketing，2000，19 (2)：
287-296.

[34] 巨朝军.试论给概念下定义及其误区 [J]. 聊城师范学院学报：哲学社会科
学版，1999 (5)：33-35.

[35] 王雪冬. 商业模式创新中顾客价值发现过程研究——基于传统行业成熟企
业的案例研究 [D]. 大连：大连理工大学，2015：22-26.

[36] 冯雪飞. 商业模式创新中顾客价值主张研究 [D]. 大连：大连理工大学，
2015：17-19.

[37] 余来文. 企业商业模式：互联网思维的颠覆与重塑 [M]. 北京：经济管理
出版社，2014：47-51.

[38] 陈华平. 商业模式创新：探索商业模式的未来之路 [M]. 北京：人民邮电
出版社，2015：14-15.

[39] 栗学思. 商业模式制胜：案例解析超速赢利的商业模式 [M]. 北京：中国
经济出版社，2015：3-8.

[40] 王卓，李剑玲，丁杰.商业模式创新与评价研究 [M]. 北京：知识产权出
版社，2015：2-11.

[41] 王千.互联网经济下的商业模式及其创新研究 [M]. 北京：经济科学出版
社，2015：9.

[42] 周祺林.向模式要利润：商业模式颠覆、创新和重构 [M]. 北京：人民邮
电出版社，2014：2-3.

[43] 曾涛. 企业商业模式研究 [D]. 成都：西南财经大学，2006：18.

[44] 浦贵阳. 价值网络对创新绩效的作用机制研究：基于商业模式设计的视角

[D]. 杭州：浙江大学，2014：31.

[45] 张军. 商业地产商业模式创新研究 [D]. 武汉：武汉理工大学，2010：18-20.

[46] 陈琦. 企业电子商务商业模式设计：IT资源前因与绩效结果 [D]. 杭州：浙江大学，2010：49-54.

[47] 王鑫鑫. 软件企业商业模式创新研究 [D]. 武汉：华中科技大学，2011：31-33.

[48] 李东. 商业模式构建：互联网+时代的顶层布局路线图 [M]. 北京：北京联合出版公司，2016：8-21.

[49] 罗倩. 基于情境功能的商业模式分类与效能测评研究 [D]. 南京：东南大学，2013：6-8.

[50] 龚丽敏. 新兴经济背景下商业模式对企业成长的影响——中国制造企业的证据 [D]. 杭州：浙江大学，2012：58-59.

[51] 叶伟龙. 基于细分市场的第三方物流企业商业模式研究 [D]. 大连：大连海事大学，2009：9-15.

[52] 付瑞雪. 数字内容分发平台与商业模式的研究 [D]. 北京：北京邮电大学2009：13-21.

[53] 穆胜. 叠加体验：用互联网思维设计商业模式 [M]. 北京：机械工业出版社，2014：31.

[54] 李飞. 企业成长路径与商业模式的动态演进研究 [D]. 天津：天津大学2010，6：19-36.

[55] 徐天舒. 基于容量测评的商业模式效能评估方法与应用研究 [D]. 南京：南京大学，2014：10-11.

[56] 李杰. 中国钢铁流通企业商业模式的研究 [D]. 武汉：武汉理工大学，2011：24.

[57] 魏炜，朱武祥. 商业模式经济解释（2）[M]. 北京：机械工业出版社，2015：2-5

[58] 危正龙，宋正权. 商业模式突围：中小企业的转型与重生 [M]. 北京：中国经济出版社，2014：80-85.

[59] 胡世良. 移动互联网商业模式创新与变革 [M]. 北京：人民邮电出版社，2013：25.

[60] 王生金，平台企业商业模式分类与演进研究——以网络平台企业为主要研究对象 [D]. 上海：东华大学，2014（6）：16.

[61] 彭苏勉. 基于价值网的软件企业商业模式创新研究 [D]. 北京：北京交通大学，2012：44-61.

[62]　王晓明. 基于价值共赢的电信商业模式研究 [D]. 成都：电子科技大学，2009：20-33.

[63]　三谷宏治.商业模式全史 [M]. 马云雷，杜君林，译. 南京：江苏凤凰文艺出版社，2016：26-27.

[64]　Raphael，Z. Christoph. Value Creation in E-Business. Strategic [J]. Management Journal，2001 (6)：493-520.

[65]　Henry. Open Innovation：The New Imperative for Creating and Profiting from Technology. [M]. Boston，Massachusetts：Harvard Business School Press，2003.

[66]　范锋.中国网络企业商业模式创新 [M]. 北京：社会科学文献出版社，2012：31—32.

[67]　Eric，Sarah. The Real Value of Strategic Planning. [J]. Sloan Management Review，2003 (2)：71-76.

[68]　Magretta. Why Business Models Matter [J]. Harvard Business Review，2002，80 (5)：86-92.

[69]　楠木建.战略就是讲故事 [M]. 崔永成，译.北京：中信出版社，2012 (12)：20-21.

[70]　魏清文，李佳钰.盈利商业模式背后的秘密 [M].北京：中国商业出版社，2013：1.

[71]　安杰.一本书读懂24种互联网思维 [M]. 北京：台海出版社，2015：11-15.

[72]　百度百科http：//baike.baidu.com.

[73]　苏江华，李东.商业模式的成型机理、类型划分与演化路径——基于中国战略新兴产业中439家企业的实证分析 [J]. 南京社会科学，2011 (12)：28-35.

[74]　李永发，李东.新商业模式成型过程与动态测评 [J]. 科技进步与对策，2015 (12)：8-13.

[75]　刘延杰.双重商业模式形成机理、冲突类型及演化路径研究 [D].南京：东南大学，2012：13-19.

[76]　徐蕾.基于设计驱动型创新的浙商商业模式演化研究——以万事利为例 [J].商业经济与管理，2015 (1)：55-63.

[77]　张鹏，王欣.平台商业模式演化的理论分析——基于平台组织理论视角 [J].西部财会，2015 (7)：75-78.

[78]　夏清华，娄汇阳.商业模式刚性：组成结构及其演化机制 [J]. 中国工业经济，2014 (8)：148-160.

[79]　龚丽敏，江诗松.产业集群龙头企业的成长演化：商业模式视角 [J]. 科研

管理，2012（7）：137-145.

[80] 荆浩.大数据时代商业模式创新研究 [J].科技进步与对策，2014（7）：15-19.

[81] 曾楚宏，朱仁宏，李孔岳.基于价值链理论的商业模式分类及其演化规律 [J].财经科学，2008（6）：102-110.

[82] 罗小鹏，刘莉.互联网企业发展过程中商业模式的演变——基于腾讯的案例研究 [J].经济管理，2012（2）：183-192.

[83] 黄玲玲，刘和福，吴剑琳，等.企业商业模式在宏观政策变动下的演化分析——基于房地产上市公司的实证研究 [J].上海管理科学，2012（8）：7-11.

[84] 魏江，邹爱其，彭雪蓉.中国战略管理研究：情境问题与理论前沿 [J].管理世界，2014，12：167-171.

[85] Alexander O，Yves P.商业模式新生代 [M].王帅，毛心宇，严威，译，北京：机械工业出版社，2011：4.

[86] 王雪冬，董大海.商业模式的学科属性和定位问题探讨与未来研究展望 [J].外国经济与管理，2012（3）：2-8.

[87] 苏江华，李东.基于规则分析的商业模式效能测评及其应用 [J].现代经济探讨，2014（8）：40-44.

[88] 王翔，李东，张晓玲.新技术市场化商业模式设计——基于结构与情景视角 [J].科技进步与对策，2013（8）：1-9.

[89] 王炳成，范柳，高杰，等.商业模式的形成机制研究 [J].经济问题探索，2014（4）：174-179.

[90] 李艳玲.大数据分析驱动企业商业模式的创新研究 [J].哈尔滨师范大学社会科学学报，2014（1）：55-59.

[91] 王雪冬，董大海.商业模式的学科属性和定位问题探讨与未来研究展望 [J].外国经济与管理，2012（3）：2-8.

[92] 原磊.商业模式分类问题研究 [J].中国软科学，2008（5）：35-43.

[93] Magretta. Why Business Models Matter [J]. Harvard Business Review，2002，80（5）：86-92.

[94] Gardner. A Problem in Synthesis [J]. The Accounting Review，1960，35（4）：619-626.

[95] 张希.商务模式理论研究综述 [J].发展研究，2009（1）：67-70.

[96] 王雪冬，董大海.商业模式的学科属性和定位问题探讨与未来研究展望 [J].外国经济与管理，2012（3）：2-8.

[97] R.Thomas.Business Value Analysis：Coping with Unruly Uncertainty [J]. Strategy & Leadership，2001，29（2）：16-24.

[98] Mayo，Brown.Samek.Building a Competitive Business Model [J]. Ivey

Business Journal.1999，63（3）：18-23.

[99]　张锐，张燚，周敏. 论品牌的内涵与外延［J］. 管理学报，2010（1）：147-158.

[100]　黄志华. 论城市品牌与商品品牌的联系和区别［J］. 包装工程，2005，4：209-216.

[101]　Simon.铸造国家、城市和地区的品牌-竞争优势识别系统［M］. 葛岩，卢嘉杰，何俊涛.译.上海：上海交通大学出版社，2010（9）：3-6.

[102]　Kevin. 战略品牌管理［M］. 卢泰宏，吴水龙.译.3版.北京：中国人民大学出版社，2014：23-58.

[103]　程愚，孙建国. 商业模式的理论模型：要素及其关系［J］. 中国工业经济，2013（1）：141-151.

[104]　周辉，刘红缨. 商业模式本质与构建路径探讨［J］. 现代财经（天津财经大学学报，2007（11）：79-82.

[105]　吕承超. 网络经济下免费商业模式的品牌机制研究［J］. 华东经济管理，2012（5）：22-27.

[106]　吕承超，王爱熙. 特许经营商业模式品牌策略的经济分析［J］. 北京交通大学学报：社会科学版，2012（2）：59-65.

[107]　Alexander O，Yves P.商业模式新生代［M］. 黄涛，郁情.译.北京：机械工业出版社，2016，4.

[108]　朱明洋，林子华.国外商业模式价值逻辑研究述评与展望［J］. 科技进步与对策，2015（1）：153-159.

[109]　项国鹏，罗兴武.价值创造视角下浙商龙头企业商业模式演化机制——基于浙江物产的案例研究［J］. 商业经济与管理，2015（1）：32-40.

[110]　刘金婷."互联网+"内涵浅议［J］. 中国科技术语，2015（3）：61-63.

[111]　顾嘉.对"互联网+"的思考［J］. 通信企业管理，2015（6）：12-14.

[112]　周鸿铎.我理解的"互联网+"——"互联网+"是一种融合［J］. 现代传播：中国传媒大学学报，2015（8）：115-121.

[113]　李成钢."互联网+"视角下的电子商务"价值经济"研究［J］. 中国流通经济，2015（7）：76-81.

[114]　银洁.传统文化中人文情怀在现代思政教育中的需求［J］. 内蒙古师范大学学报：教育科学版，2015（2）：49-50.

[115]　Daniel.管理思想史［M］. 孙健敏，黄小勇，李原.译.5版.北京：中国人民大学出版社，2009：168；107；436.

[116]　王建民.互联网时代的个体自由与孤独——社会理论的视角［J］. 天津社会科学，2013（5）：74-79.

［117］ Teece. Business Models，Business Strategy and Innovation ［J］. Long Range Planning，2010，43（2/3）：172~194.

［118］ 魏炜，朱武祥，林桂平.基于利益相关者交易结构的商业模式理论［J］. 管理世界，2012（12）：125-131.

［119］ 夏清华，娄汇阳.商业模式刚性：组成结构及其演化机制［J］. 中国工业经济，2014（8）：148-160.

［120］ 吴月珍.互联网推动人的自由而全面的发展［J］. 中共太原市委党校学报，2005（3）：57-58.

［121］ 罗珉，李亮宇.互联网时代的商业模式创新：价值创造视角［J］. 中国工业经济，2015（1）：95-107.

［122］ 危正龙，宋正权. 商业模式突围：中小企业的转型与重生［M］. 北京：中国经济出版社，2014：58-59.

［123］ 宫敬才.一言难尽亚当·斯密［N］. 中华读书报，2015-05-06（10）：1-4.

［124］ 林金忠. 从"看不见的手"到"市场神话"［J］. 经济学家，2012（7）：12-19.

［125］ TEECE. Business Models，Business Strategy and Innovation ［J］. Long Range Planning，2010，43（2/3）：172~194.

［126］ 陈琪.环境规制企业环保投资与企业价值［M］. 北京：经济科学出版社，2014：2-3.

［127］ 刘倩.供应链环境成本内部化机制研究［D］. 北京：北京交通大学，2015（10）：28-56.

［128］ 袁栋栋.我国环保产业现状及环保企业商业模式［J］. 中国环保产业，2014（10）：16-20.

［129］ 计春阳，李耀萍.环保产业O2O商业模式探讨［J］. 商业经济研究，2016（23）：196-197.

［130］ 王翔，李东，张晓玲.新技术市场化商业模式设计——基于结构与情景视角［J］. 科技进步与对策，2013（8）：1-9.

［131］ 陈薇.A民营燃气公司商业模式创新研究［D］. 南京：东南大学，2015：35—39.

［132］ 余花龙.基于价值网络的我国新能源汽车分时租赁商业模式研究［D］. 镇江：江苏大学，2015：18-26.

［133］ 孙友庆.基于商业模式优化的能效管理企业关键能力构建——以苏商新能源科技有限公司的实践为例［D］. 南京：东南大学，2015：20-35.

［134］ 王千.互联网经济下的商业模式及其创新研究［M］. 北京：经济科学出版

社，2015：1-2.

[135] "十三五"节能环保产业发展规划［EB/OL］.（2016-12-26）. http：// hzs.ndrc.gov.cn/newzwxx/201612/t20161226_832641.html.

[136] 洪志生.合同能源管理：重构节能环保产业的商业模式［J］.中国战略新兴 产业，2015（13）：58-59.

[137] 2020年节能服务公司将达6000家［N］.中国能源报，2016-01-25： （19）.

[138] 鲍君俊.合同能源管理创新融资模式研究［J］.新经济，2016（6）：20-22.

[139] 路巧玲.浅议合同能源管理会计核算问题［J］.新会计，2012（2）：32-34.

[140] 王海蕴.格瑞福德：致力合同能源管理的创新典范［J］.财经界，2013 （8）：66-67.

[141] 新华网.一文速览十九大报告［EB/OL］.（2017-10-18）. http：//news. xinhuanet.com/politics/19cpcnc/2017-10/18/c_1121822489.htm.节选.

[142] Alexander.O，Yvesp.商业模式新生代［M］.王帅，毛心宇，严威.译.北 京：机械工业出版社，2011：254-255.

[143] 永清环保股份有限公司官网，http：//www.yonker.com.cn/.

[144] 王芳，席云霄.刘正军：为环保事业奋斗终生［J］.经济，2016(10)：70-72.

[145] 荣婷婷，蒋李，朱兆一，等.第三方环境治理——赴湖南永清环保股份有限 公司实地调研［J］.经济研究参考，2016（01）：94-99.

[146] 湖南永清投资集团有限责任公司.领先环保科技 创造碧水蓝天［J］.环境 保护，2014（22）：80.

[147] 于勇.巴安水务：多技术路线水处理领先企业［J］.股市动态分析，2011 （38）：89.

[148] 上海巴安水务股份有限公司官网，http：//www.safbon.com/cn/.

[149] 华巍.淡季不淡，一季度业绩超预期［EB/OL］.（2017-04-27）. http：// data.eastmoney.com/report/20170427/APPHictw71XiASearchReport. html.节选.

[150] 北京清新环境技术股份有限公司官网，http：//www.qingxin.com.cn/cn.

[151] 田闯.清新环境：看好大气治理市场空间扩容［J］.股市动态分析，2017 （10）：30-31.

[152] 倪光耀.国家政策扶持对环保公司财务绩效的影响——基于中小板的清新环 境的研究［J］.知识经济，2016（6）：77.

[153] 天津创业环保集团股份有限公司官网，http：//www.tjcep.com/.

[154] 中国矿业大学和天津创业环保集团股份有限公司申明［J］.中国给水排水， 2011（2）：64.

[155] 天津创业环保集团股份有限公司.为您提供全新的污水处理解决方案——天津创业环保集团股份有限公司研究院展会侧记 [J]. 针织工业，2015 (5)：48.

[156] 百度百科http：//baike.baidu.com.

[157] 江西洪城水业股份有限公司官网，http：//www.jxhcsy.com/.

[158] 浙江德创环保科技股份有限公司官网，http：//www.zj-tuna.com/.

[159] 浙江德创环保科技股份有限公司.德创环保 [J]. 中国电力，2015 (3)：1.

[160] 任小雨.生态环境产业利好频出 8只中报业绩翻番股或有潜力 [EB/OL]. (2017-08-24)．http：//finance.sina.com.cn/roll/2017-08-24/doc-ifykiurx1272156.shtml.

[161] 浙江菲达环保科技股份有限公司官网，http：//www.feidaep.com/azfw/.

[162] 浙江菲达环保科技股份有限公司.浙江菲达环保科技股份有限公司 [J]. 中国环保产业，2012 (2)：66.

[163] 徐州科融环境资源股份有限公司官网，http：//www.kre.cn/.

[164] 雷英杰，陈婉.2016年环保上市公司业绩冷热不均 [J]. 环境经济，2017 (9)：24-26.

[165] 佚名.11家公司调整中发增持计划 科融环境等逆市上涨 [EB/OL]. (2017-04-25)．http：//ccidreport.com/market/article/content/3783/20170425/636832.html.

[166] 河北先河环保科技股份有限公司官网，http：//www.sailhero.com/.

[167] 河北先河环保科技股份有限公司.河北先河环保科技股份有限公司 [J]. 中国环保产业，2014 (2)：67.

[168] 王小平，赵娜，戎素云.先河环保的国际化路径解析 [J]. 企业管理，2014 (5)：67-68.

[169] Ketokivi, M.A.& Schroeder, R.G.Perceptual Measures of Performance：Fact or Fiction? [J]. Journal of Operations Management, 2004, 22, (3)：247-264.

[170] 谢佩洪，成立.中国PC网络游戏行业商业模式创新的演化研究 [J]. 科研管理，2016 (10)：60-68.